本書是以「手工編製 祈福幸運手環 改訂版」
為基本，再加入新的内容.重新編集而成。

U0055505

國家圖書館出版品預行編目資料

手工編製祈福幸運手環／内藤朗編輯 .——增補
改訂一版 .——臺北市：鴻儒堂，民91
面；　公分
ISEN 957-8357-45-1（平裝）
1.編結2.手環
426.4　　　　　　　　　91011752

〈材料提供〉
オリムパス製絲株式会社
　〒461-0018　名古屋市東区主税町4-92　　☎052(931)6679
株式会社ルシアン　コスモ事業部
　〒103-0016　東京都中央区日本橋小網町16-12　☎03(3669)3353
DMC株式会社
　〒111-0042　東京都台東区寿2-10-10　赤澤ビル6F　☎03(5828)4112
ハマナカ株式会社
　〒616-8585　京都市右京区花園薮ノ下町2-3　　☎075(463)5151
トーホー株式会社
　本社
　〒733-0003　広島県広島市西区三篠町2-19-6　☎082(237)5151
　東京営業所
　〒111-0052　東京都台東区柳橋1-9-11　　☎03(3862)8548
　大阪営業所
　〒553-0001　大阪市福島区海老江5-2-17　☎06(6453)1782
御幸商事株式会社
　本社
　〒720-0001　広島県福山市御幸町上岩成749　☎084(972)4747
　東京営業所
　〒111-0053　東京都台東区浅草橋4-10-8　☎03(3863)0255
　大阪営業所
　〒541-0058　大阪市中央区南久宝寺町4-3-5　☎06(6252)6971

開始作之前

幸運繩是每個人都可以學會的。不過,在這之前要先學會材料與基本做法,愉快的開始進行。

【材料・用具】

２５號繡線（１束＝約８ｍ）

一般最常的是6根線組合而成的。沒有特別記載的時候,通常就是使用由6根一組的線。

其他還可以使用珠子、皮繩、５號繡線等等,挑選自己喜愛的材料進行。

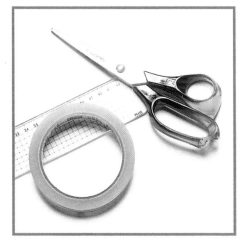

剪刀、尺、膠帶

工具只要有這些,再加上萬能的雙手就可以了。

【線的長度與根數】例：長度為１００ｃｍ的情況

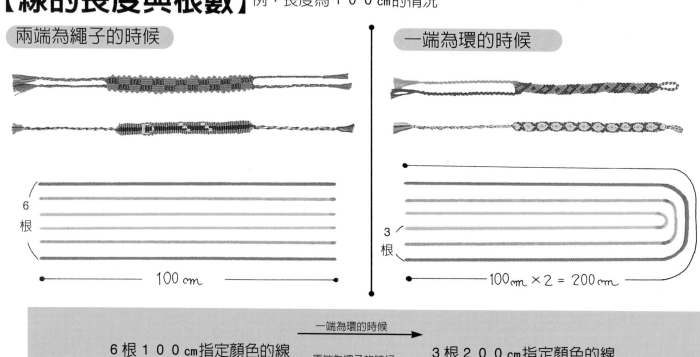

兩端為繩子的時候

一端為環的時候

6根

100cm

3根

100cm × 2 = 200cm

一端為環的時候 →

６根１００ｃｍ指定顏色的線

兩端為繩子的時候 ←

３根２００ｃｍ指定顏色的線

【起端與終端】 熟記製作時的起端與終端，好好的運用吧！

兩端為繩子的時候

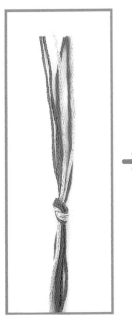 → 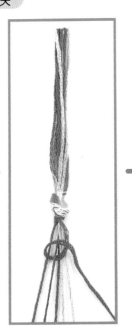 →  → 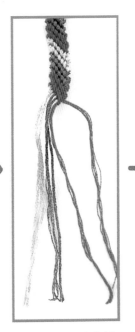 →

一端保留部分的長度，其餘全部輕輕打結。

使用膠帶將結固定在桌上開始編織。

編成指定的長度。

解開開始部分的結。

線的尾端收束成三股，依指定的方式收尾。

一端為環的時候

 →  →  → 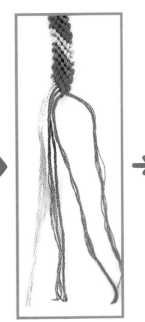 →

←中央

從中央開始，各朝兩方以指定的編法編成指定的長度。

從中央對折輕輕打結。

用膠帶將結固定在桌上開始編織。

編成指定的長度。

線的尾端收束成三股，依指定的方式收尾。

【基本的編法】

記住幸運環的基本編法。以後的頁數還會介紹其他的編法。

向左編兩次

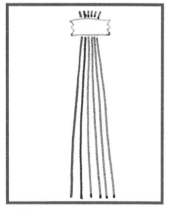

1 在結開始的稍微上方部分用膠帶固定好。

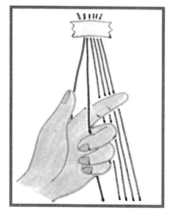

2 將蕊線（藍）用左手中指、無名指、小指、三根固定住，將線拉緊。

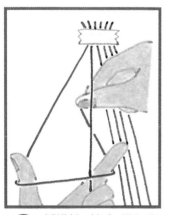

3 編織線（紅）從拇指、食指、外側繞過，穿過蕊線下方。

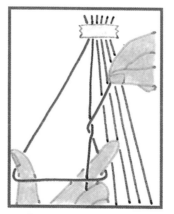

4 穿過之後，從拇指、食指將線拿開收緊。

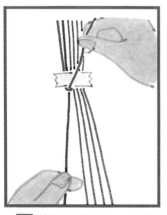

5 將線拉至上方，在根部打結收緊。

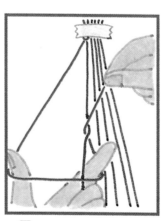

6 重複再做一次，（如此，可以做成美麗的斜方結。）

向右編兩次

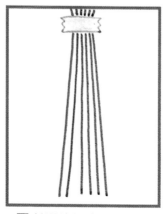

1 結開始的稍微上方部分用膠帶固定好。

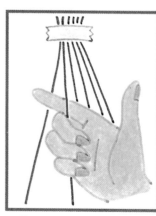

2 將蕊線（藍）用右手中指、無名指、小指、三根固定住，將線拉緊。

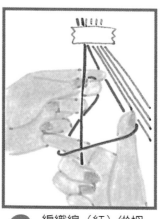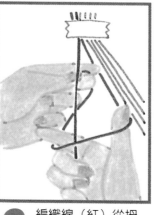

3 編織線（紅）從拇指、食指、外側繞過，穿過蕊線下方。

4 過之後，從拇指、食指、將線拿開收緊。

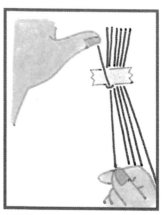

5 將線拉至上方，在根部打結收緊。

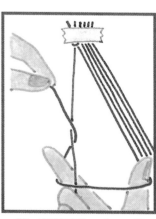

6 重複再做一次，（如此，可以做成美麗的斜方結。）

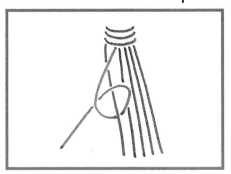

1 依圖示將蕊線（藍）捲上編線（紅）。

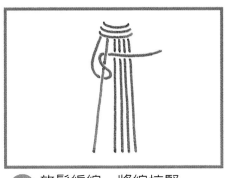

2 放鬆編線，將線拉緊。

3 同樣的方式再編一次。

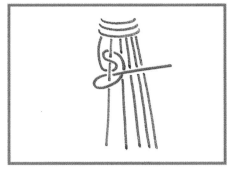

4 與2同樣的將蕊線拉緊，將邊線放鬆往上拉。

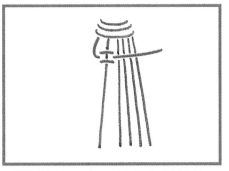

5 如此一來，就會有並排的兩個橫線，完成第一個結。

6 一直編到右端，再折回朝反方向編。

1 依圖示將蕊線（紅）捲上編線（藍）。

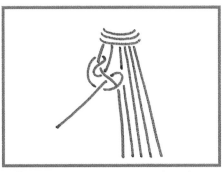

2 依圖以同4樣的方式再編一次。

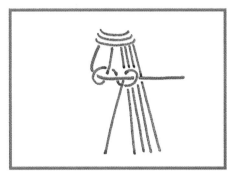

3 將蕊線拉成水平，編線拉緊。

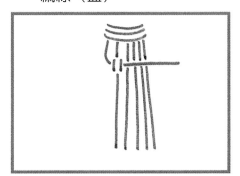

4 如此一來，就會有並排的兩個直線，完成第一個結。

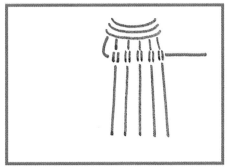

5 避免列有間隔，小心的以同樣的方式編至右側。

6 折返後，以圖的方式穿過，繼續編織。

7

祝福幸運手環的基本編法 ♡

左右捲結法
若能熟練這二種基礎編法，
即能完美地編出斜紋圖案及
鑽石手環。
記得，配色要正確喔！

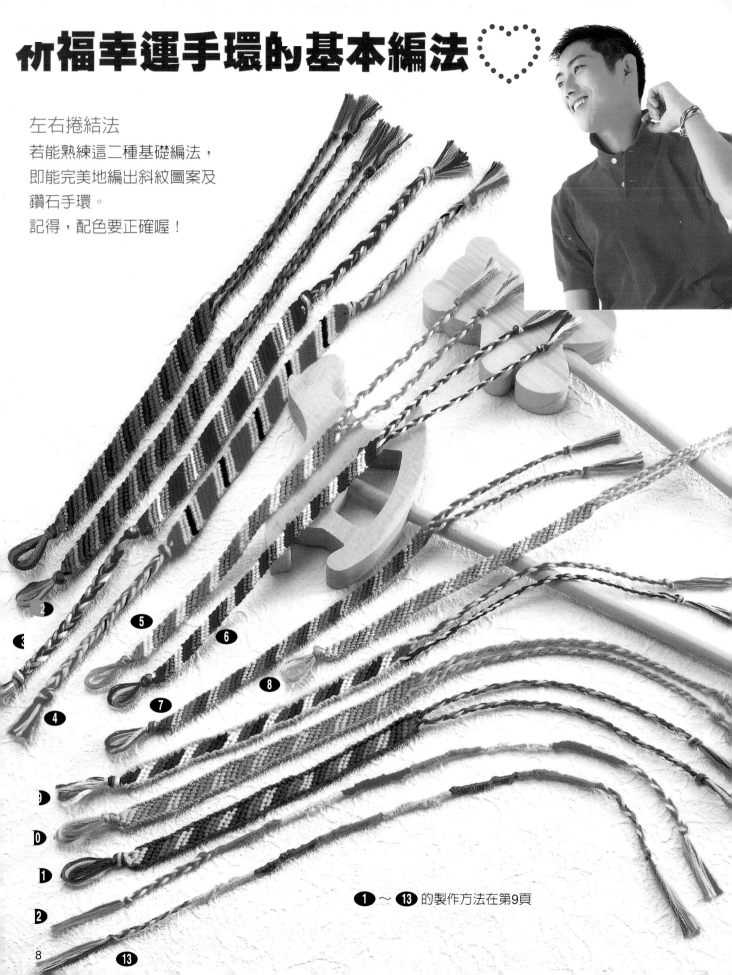

❷
❸
❹
❺
❻
❼
❽
❾
❿
⓫
⓬

❶ ～ ⓭ 的製作方法在第9頁

⓭

8

第8頁插圖
的製作方法

⑤ · ⑥ · ⑦ · ⑧

♥ 材料

25號繡線　1公尺長/6條
（對折使用長度加倍，3條）

♥ 重點

此種手環為基本型，首先如圖所示
將繡線排列鋪齊，然後自左端開始
每條繡線各打二次左結，然後重覆
進行。

① · ②

♥ 材料

25號繡線　1公尺長/8條（對折使
用長度加倍，4條）

③ · ④

♥ 材料

25號繡線　1公尺長/9條

♥ 重點

編法和5、6、7、8一樣，只是繡線
的條數和排列方法有所不同

⑨ · ⑩ · ⑪

♥ 材料

25號繡線　1公尺長/8條（對折使
用長度加倍，4條）

♥ 重點

中間的6條繡線在編法上和5、6、7
、8相同，最左邊那條以左結法打
二個結扣，最右邊那條則以右結法
打二個結扣，這二條線的打法在於
打出邊線。

⑫ · ⑬

♥ 材料

25號繡線　1公尺長/3條

♥ 重點

以二條繡線為芯線，餘下的那條則
重覆以左結法打出結扣，每種顏色
輪流，每回各約2公分長。

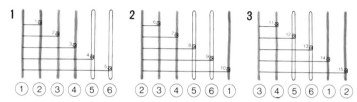

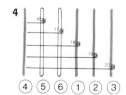

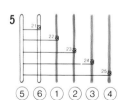

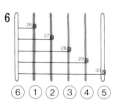

線的位置 **① ②**　　**③ ④**

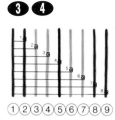

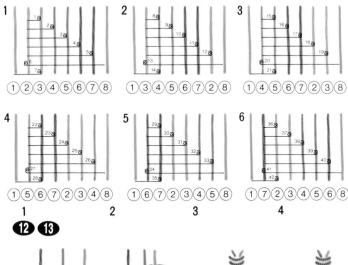

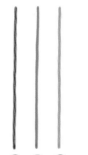

23 · 24 · 25
🤍材料
25號繡線　1公尺長/6條
（對折使用，長度加倍，3條）

🤍重點
右邊的繡線往中間打右結扣；同理
，左邊的繡線往中間打左結扣，中
間繡線的部份則打二個右結扣，然
後重覆編結即可。

14 · 15 · 21 · 22
🤍材料
25號繡線　1公尺長/8條（對折使
用長度加倍，4條）

🤍重點
如圖所示，各繡線分別打二個左結
扣，二個右結扣，且要注意應將哪
種顏色的繡線放在上方，當編完第
10步驟再接第2步驟依序編織。

16 · 17 · 18
🤍材料
25號繡線　1公尺長/6條（對折使
用長度加倍，3條）

🤍重點
如圖所示，各繡線分別打二個左結
扣，二個右結扣反覆編造，要注意
用以搭配的色線要放在上方。

19 · 20
🤍材料
25號繡線　1公尺長/8條（對折使
用長度加倍，4條）

🤍重點
在開始和最後各大約4公分處，編
法和23、24、25的做法相同，中間
部份則以左結法打結扣，做成層層
纏繞的結法，由同色繡線結成，共
4條，且長度亦大約4公分。

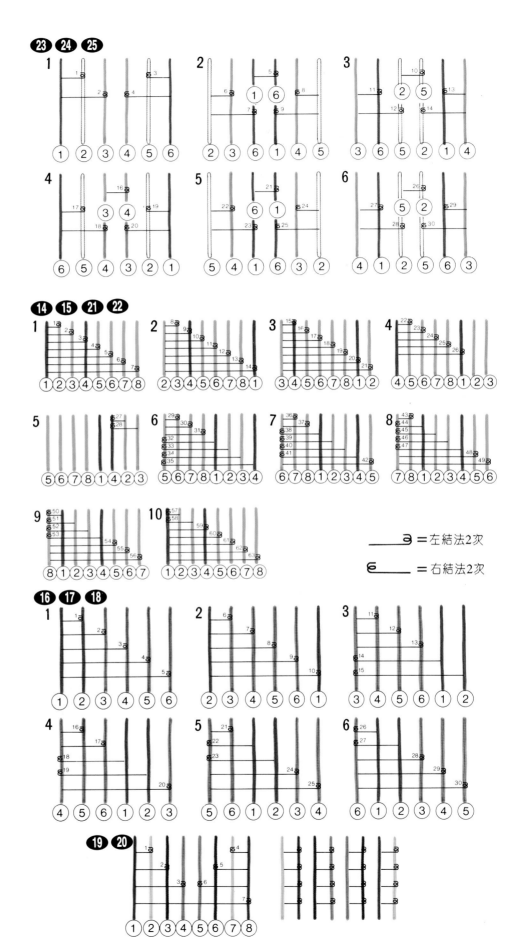

㉖

㉗

㉘

㉙

㉚

㉛

㉜

㉝

㉞

㉟

㊱

㉖～㊱的製作方法在第13頁

第12頁插圖的製作方法

26 · 27 · 28

♥材料

25號繡線　1公尺長/8條（對折使用長度加倍，4條）

♥重點

如圖所示，各繡線分別打二個左結扣，二個右結扣之後，重覆依圖編織即可，注意配色線（捲線）要放在主體色線（芯線）的上方。

29 · 30 · 31

♥材料

25號繡線　1公尺長/8條（對折使用長度加倍，4條）

♥重點

一開始的編法和23、24、25的編法相同，在約4公分處開始，編法如圖所示。

　　　　∋＝左結法2次

　　ᘓ　　＝右結法2次

32 · 33 · 34 · 35 · 36

♥材料

25號繡線　1公尺長/8條；或5號繡線　1公尺長/8條（對折使用長度加倍，4條）

♥重點

由於放在上方的繡線會依次改變，因此每次編織時都要特別注意當時是哪一條在上方，以免混淆，第6步驟完成後再跳回第2步驟，編織順序雖和之前一樣，但繡線顏色則有所變化。

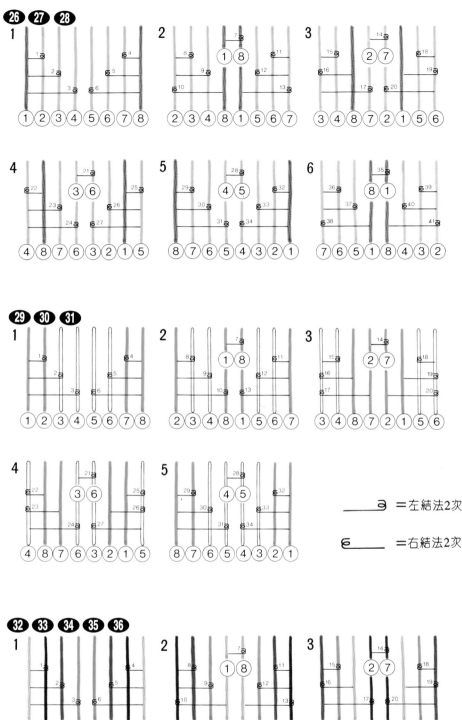

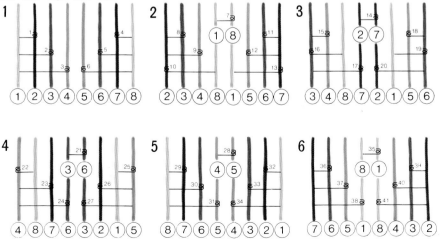

13

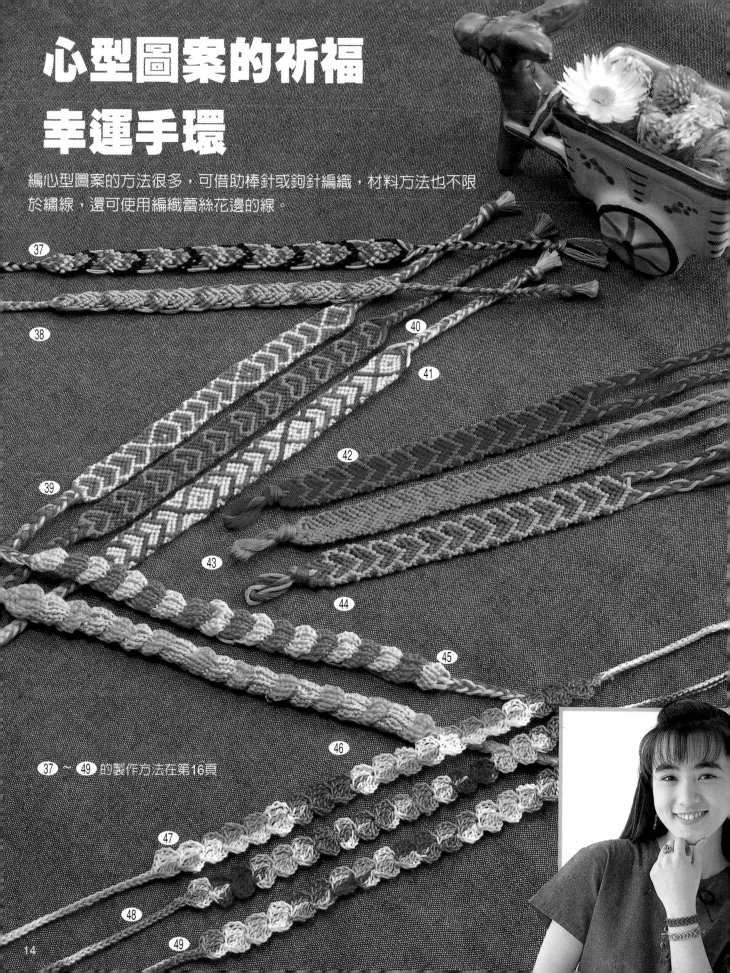

心型圖案的祈福
幸運手環

編心型圖案的方法很多，可借助棒針或鉤針編織，材料方法也不限
於繡線，還可使用編織蕾絲花邊的線。

37

38

39

40

41

42

43

44

45

46

47

48

49

37 ～ 49 的製作方法在第16頁

14

50 ~ 59
製作方法
在第16頁

15

第14、15頁插圖的製作方法

42・43・44

♥ 材料

25號繡線　1公尺長/12條（對折使用長度加倍，6條）

♥ 重點

如圖所示依次編造，進行至第8步驟後再跳回第6步驟繼續編造，要注意的是，雖然接下來的次序相同，繡線顏色則有所改變。

37～41

♥ 材料

25號繡線（取6條當作1條使用）

♥ 重點

屬於心型圖案手環中的一種，39、41的手環，正面和背面皆可用為外側。

45～49

♥ 材料

25號繡線（取6條當作1條使用），40號花邊用色線、8號編花邊用的針、2號棒針

♥ 重點

45、46中的其中一條繡線用棒針編成如圖所示的圖樣。

47～49中花邊色線的部份用編花邊用的針編成如圖示的花樣。

50～54

♥ 材料

花邊用色線、串珠（直徑1.5mm或直徑2mm）、2號編花邊用的針、手工藝用的粘著劑

♥ 重點

參照第45頁的介紹，如圖所示將串珠串入花邊用的色線中。

55～59

♥ 材料

25號繡線（取6條當作1條使用）串珠（直徑1.5mm）、串珠針、

♥ 重點

將繡線擺成縱線，編織串珠專用線擺成橫線，而後依序將串珠編成手環。（參照第68頁）

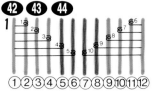

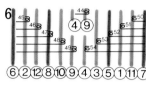

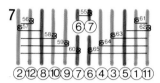

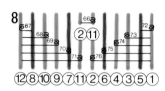

＝左結法2次

＝右結法2次

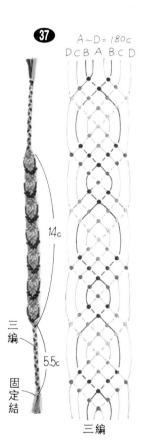

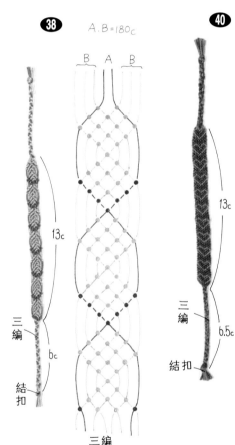

※編法記號參照72～74頁

53・54

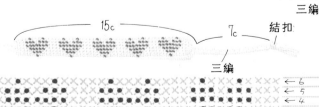

♥將120個串珠穿入花邊用的色線

留15cm

製作完成將線穿過此處固定

●直徑2m/m的串珠 120個

♥以此為正面

做53個（約15cm） 第1段的製作方法 開始先編

參照70頁 B部分 鎖鏈環圖樣

留15cm

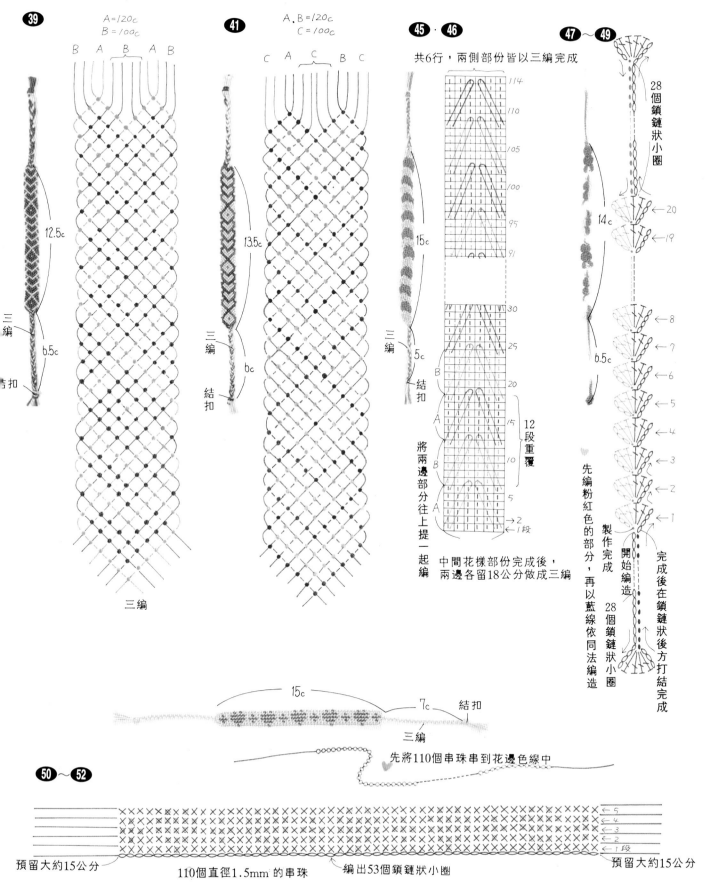

39

A=120c
B=100c

B A B A B

12.5c

6.5c

三編

結扣

三編

41

A、B=120c
C=100c

C A C B C

13.5c

6c

三編

結扣

三編

45・46

共6行，兩側部份皆以三編完成

114
110
105
100
95
91

30
25
20
15
10
5
2
1段

B
A
B
A

12段重覆

15c

5c

三編

結扣

將兩邊部分往上提一起編

中間花樣部份完成後，兩邊各留18公分做成三編

47～49

28個鎖鏈狀小圈

14c

6.5c

←20
←19

←8
←7
←6
←5
←4
←3
←2
←1

先編粉紅色的部分，製作完成28個鎖鏈狀小圈

開始編造

完成後在鎖鏈狀後方打結完成

三編

15c

7c

結扣

先將110個串珠串到花邊色線中

50～52

←5
←4
←3
←2
←1段

預留大約15公分

110個直徑1.5mm的串珠

編出53個鎖鏈狀小圈

預留大約15公分

★ 55～59續刊於第25頁

編八字母的祈福幸運手環

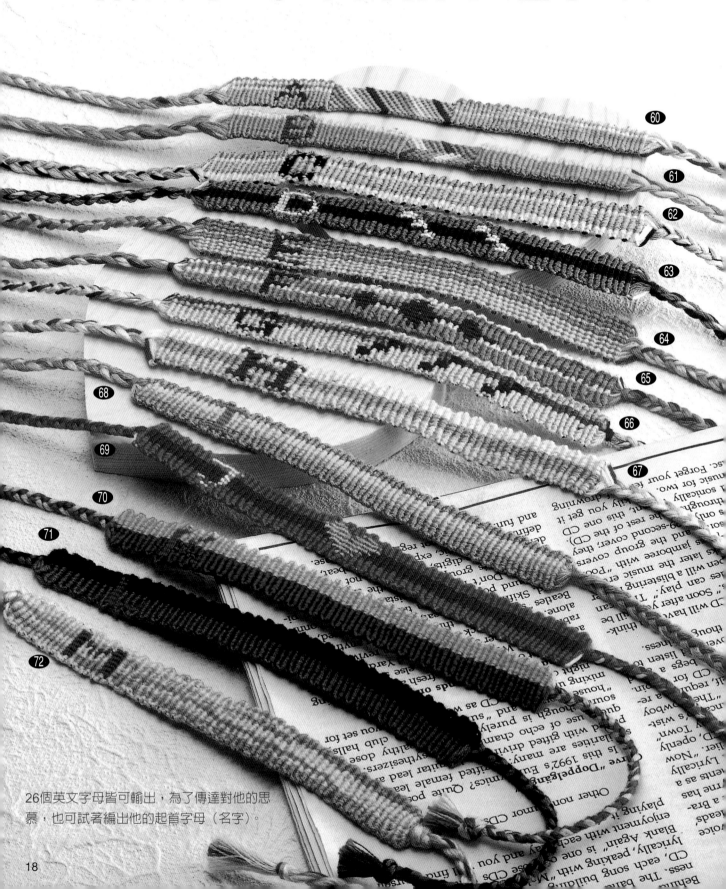

26個英文字母皆可輸出，為了傳達對他的思慕，也可試著編出他的起首字母（名字）。

60 ～ 85 的製作方法在第20頁

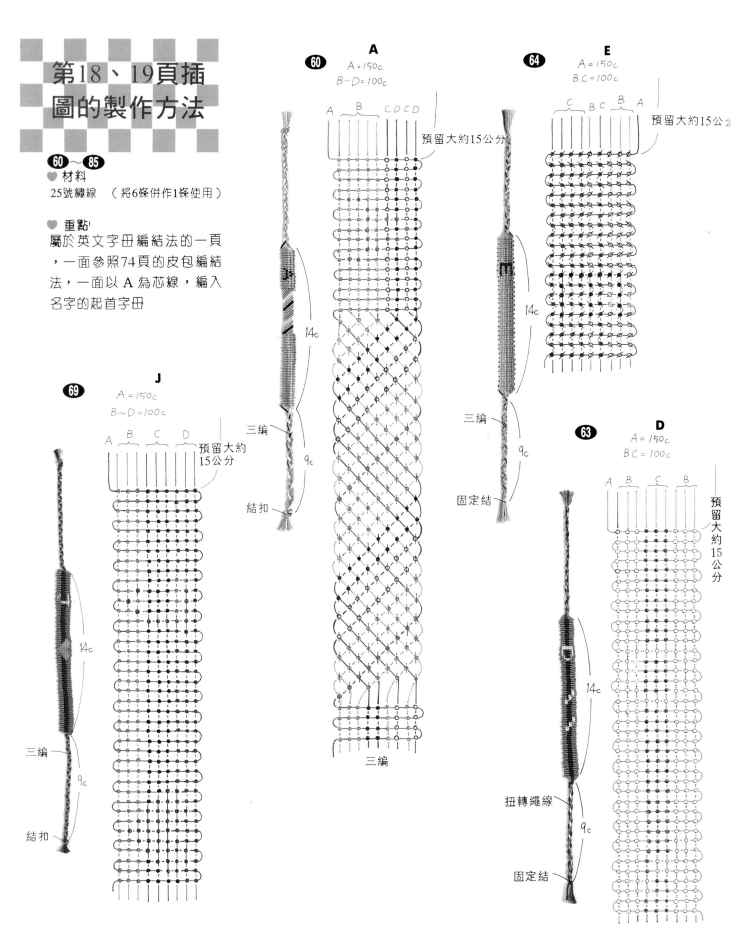

第18、19頁插圖的製作方法

60 ～ 85

♥ 材料

25號繡線　（將6條併作1條使用）

♥ 重點

屬於英文字母編結法的一頁，一面參照74頁的皮包編結法，一面以 A 為芯線，編入名字的起首字母

60　**A**
A = 150c
B～D = 100c

A　B　CDCD
預留大約15公分

14c

9c

三編
結扣

三編

64　**E**
A = 150c
B.C = 100c

C　B C　B　A
預留大約15公分

14c

三編

9c
固定結

69　**J**
A = 150c
B～D = 100c

A　B　C　D
預留大約15公分

14c

三編

9c

結扣

63　**D**
A = 150c
B.C = 100c

A　B　C　B
預留大約15公分

14c

扭轉繩線

9c

固定結

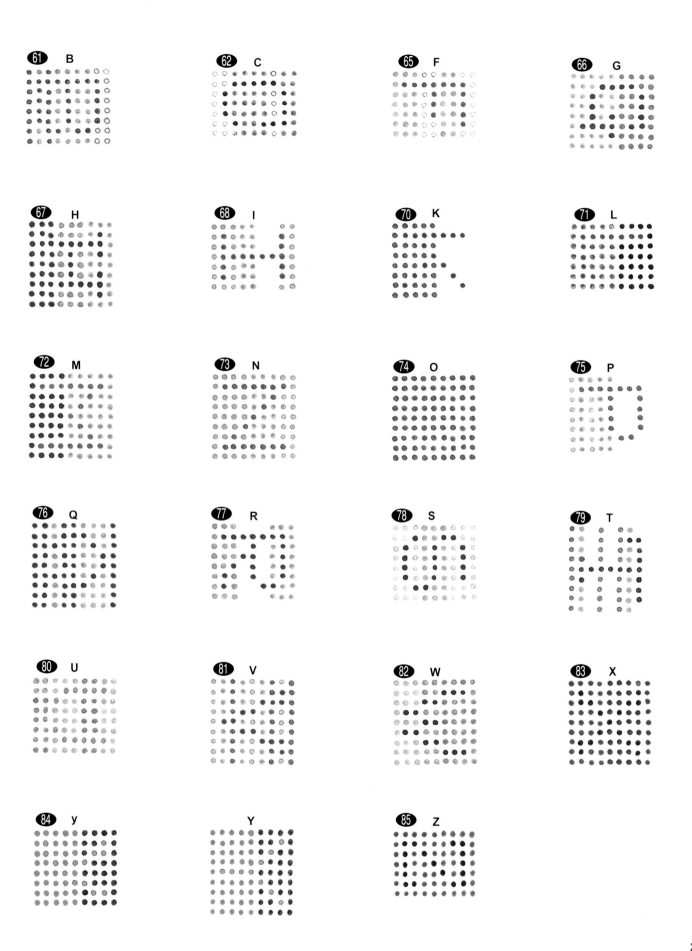

編入字母的祈福幸運手環

在手環上編入英文字並不難，
還可以編入崇拜偶像的英文名字哦！

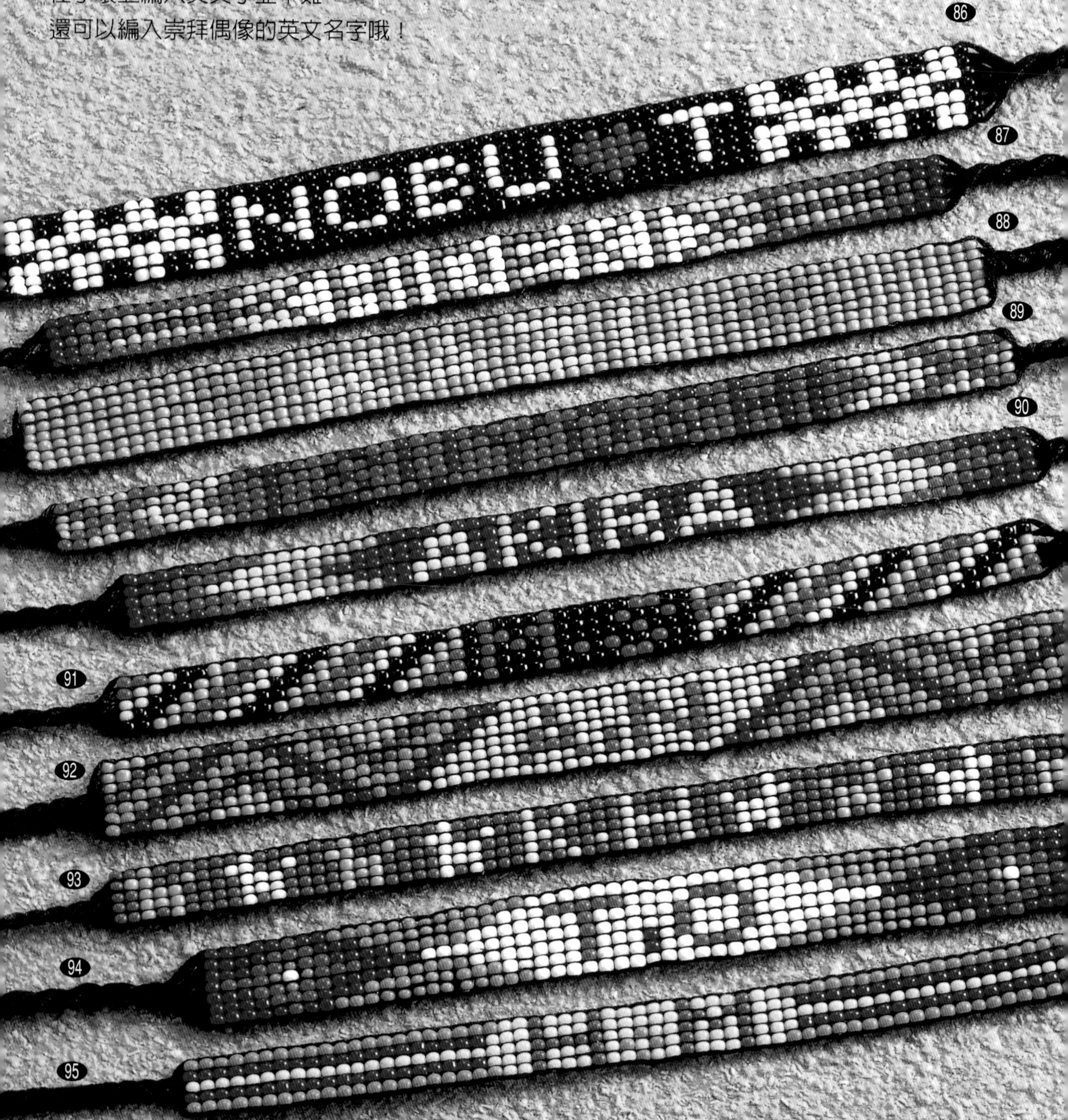

86

87

88

89

90

91

92

93

94

95

86 ~ 95 的製作方法在第23頁

22

第22頁插圖
的製作方法

★91～95續刊於24頁

86～95

♥材料
25號繡線（將6條當作1條使用）、
串珠（直徑1.5mm）、編串珠專
用線、串珠用的針
♥重點

將1條25號繡線（6小條組成）作縱線，而織
串珠的專用線作橫線，至於編織方法則參照
第68頁。

為了防止繡線鬆脫變形，編造時要打緊些，
橫線部份往回折時要避免不要突出一團。

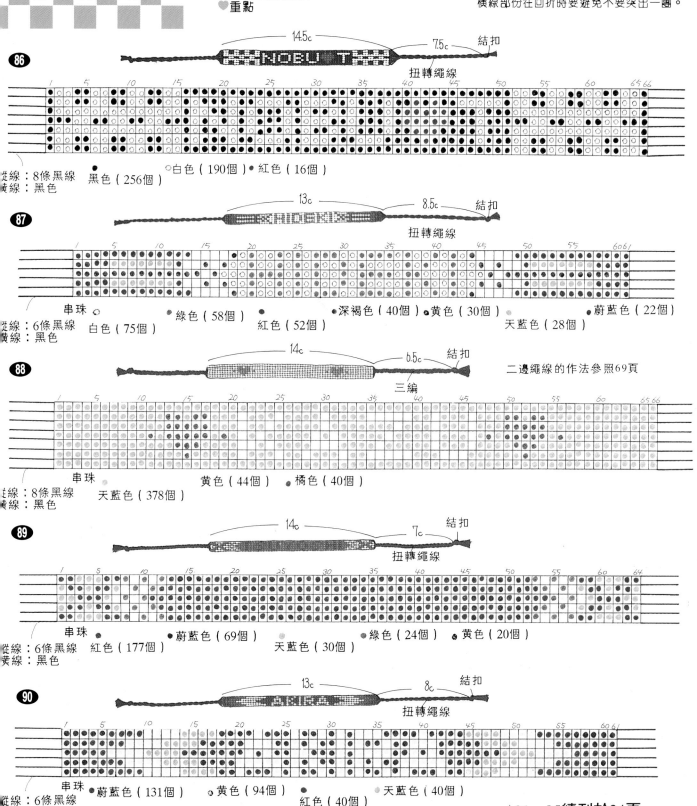

86
14.5c　　　　　7.5c　結扣

扭轉繩線

縱線：8條黑線　●黑色（256個）　○白色（190個）　●紅色（16個）
橫線：黑色

87
13c　　　　　8.5c　結扣

扭轉繩線

串珠 ○　○白色（75個）　●綠色（58個）　●紅色（52個）　●深褐色（40個）●黃色（30個）　●天藍色（28個）　●蔚藍色（22個）
縱線：6條黑線
橫線：黑色

88
14c　　　　　6.5c　結扣

三編

二邊繩線的作法參照69頁

串珠 ○　●天藍色（378個）　黃色（44個）　●橘色（40個）
縱線：8條黑線
橫線：黑色

89
14c　　　　　7c　結扣

扭轉繩線

串珠 ●　●蔚藍色（69個）　●綠色（24個）　●黃色（20個）
縱線：6條黑線　紅色（177個）　天藍色（30個）
橫線：黑色

90
13c　　　　　8c　結扣

扭轉繩線

串珠 ●　●蔚藍色（131個）　●黃色（94個）　●天藍色（40個）
縱線：6條黑線　　　　紅色（40個）
橫線：黑色

★續23頁

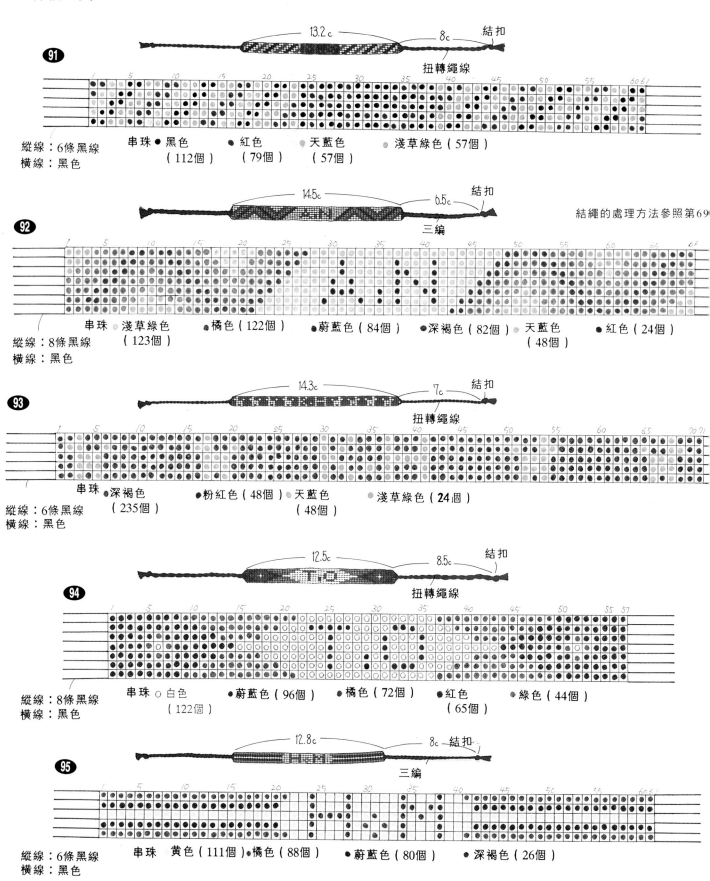

91

13.2c　　　　8c　結扣

扭轉繩線

縱線：6條黑線
橫線：黑色

串珠 ●黑色　●紅色　●天藍色　●淺草綠色（57個）
　　　（112個）　（79個）　（57個）

92

14.5c　　　　6.5c　結扣

結繩的處理方法參照第69

三編

縱線：8條黑線
橫線：黑色

串珠 ●淺草綠色　●橘色（122個）　●蔚藍色（84個）　●深褐色（82個）　●天藍色　●紅色（24個）
　　　（123個）　　　　　　　　　　　　　　　　　　　　　　　　（48個）

93

14.3c　　　　7c　結扣

扭轉繩線

縱線：6條黑線
橫線：黑色

串珠 ●深褐色　●粉紅色（48個）　●天藍色　●淺草綠色（24個）
　　　（235個）　　　　　　　　　（48個）

94

12.5c　　　　8.5c　結扣

扭轉繩線

縱線：8條黑線
橫線：黑色

串珠 ○白色　●蔚藍色（96個）　●橘色（72個）　●紅色　●綠色（44個）
　　　（122個）　　　　　　　　　　　　　　　　　（65個）

95

12.8c　　　　8c　結扣

三編

縱線：6條黑線
橫線：黑色

串珠　黃色（111個）●橘色（88個）　●蔚藍色（80個）　●深褐色（26個）

★續17頁

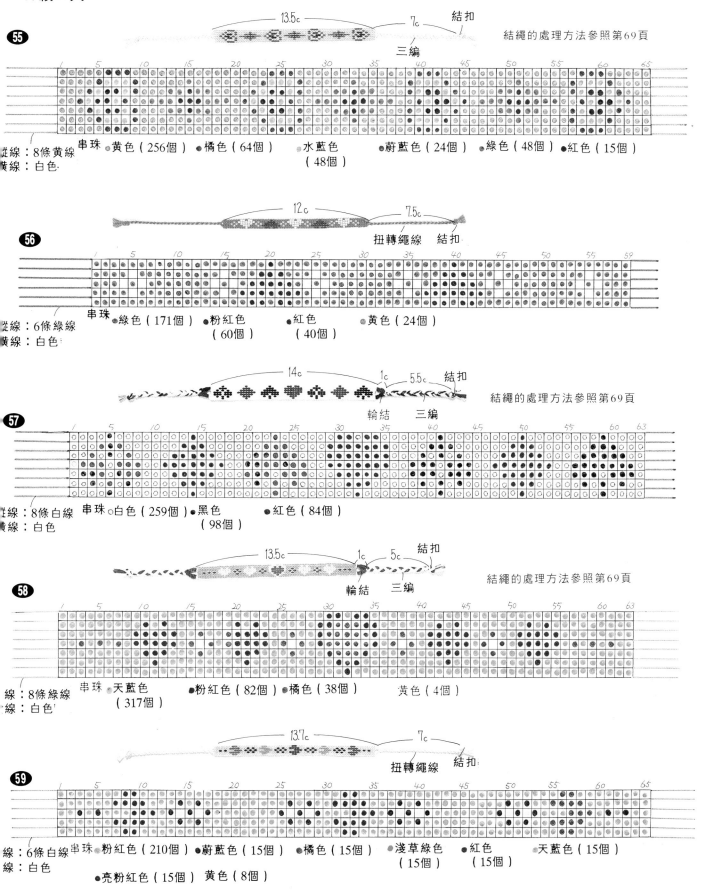

55

13.5c　　　7c　結扣

三編

結繩的處理方法參照第69頁

捻線：8條黃線
橫線：白色.

串珠 ●黃色（256個）　●橘色（64個）　●水藍色
（48個）　●蔚藍色（24個）　●綠色（48個）　●紅色（15個）

56

12c　　　7.5c
扭轉繩線　結扣

捻線：6條綠線
橫線：白色.

串珠 ●綠色（171個）　●粉紅色
（60個）　●紅色
（40個）　●黃色（24個）

57

14c　　1c　5.5c　結扣
輪結　　三編

結繩的處理方法參照第69頁

捻線：8條白線
橫線：白色

串珠 ○白色（259個）　●黑色
（98個）　●紅色（84個）

58

13.5c　　1c　5c　結扣
輪結　　三編

結繩的處理方法參照第69頁

線：8條綠線
線：白色.

串珠 ●天藍色
（317個）　●粉紅色（82個）　●橘色（38個）　黃色（4個）

59

13.7c　　　7c
扭轉繩線　結扣

線：6條白線
線：白色

串珠 ●粉紅色（210個）　●蔚藍色（15個）　●橘色（15個）　●淺草綠色
（15個）　●紅色
（15個）　●天藍色（15個）

●亮粉紅色（15個）　黃色（8個）

稍微需要技巧的
祈福幸運手環

96

97

98

99

96 ～ 104 的製作方法在第28頁

100

101

102

103

104

看似複雜的圖案，只要照著編法記號製作
也毫無困難，大膽配色加多重組合完成的
手環，必能使朋友們大為驚艷！

105

106

107

108

109

110

111

105 ～ **109** 的製作方法在第28頁
110 ～ **111** 的製作方法在第35頁

96～111

♥材料

25號繡線（將6條當作1條使用）

♥重點

96～99的花樣屬於海扇貝的種類，

100～104的花樣屬於箭羽花紋的種類，105～109的花樣則歸於金鋼鑽的種類。

96～99的手環，二側分別分成二束固定、打結。

104、107～109則是從中間部位分別向上、下編製。

※編法記號參照72～74頁

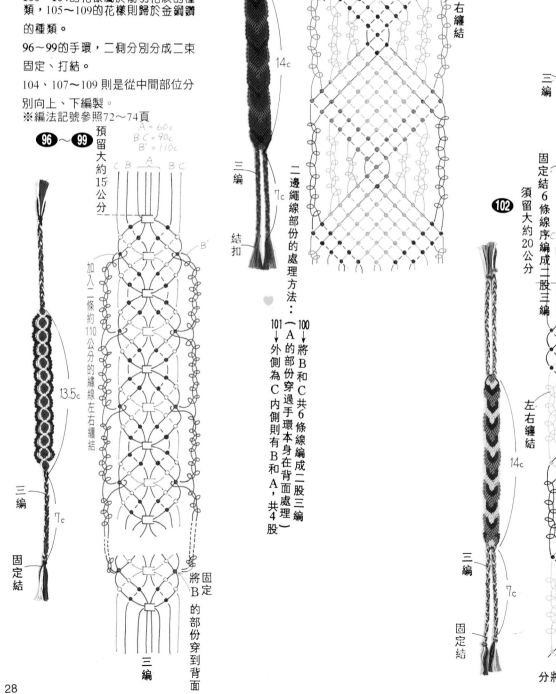

96～99

預留大約15公分

$A = 60c$
$B.C = 90c$
$B' = 110c$

C B A B C

加入二條約110公分的繡線左右纏結

13.5c

三編

7c

固定結

三編

將固定B的部份穿到背面

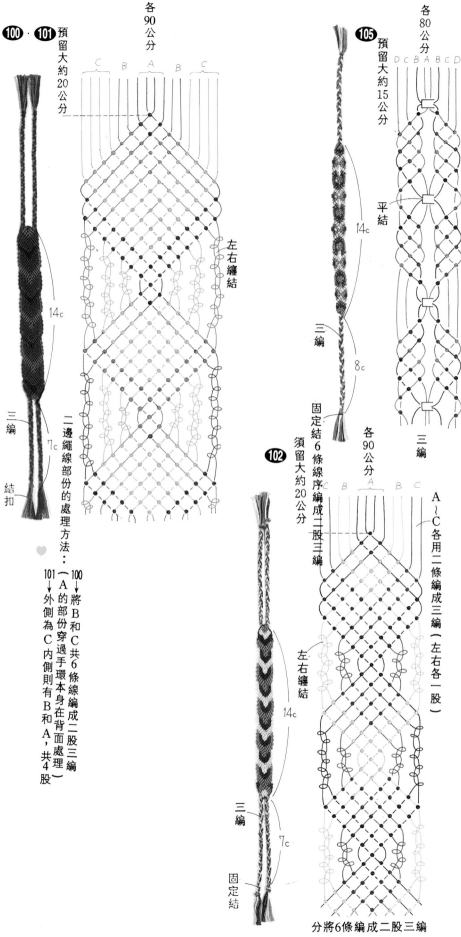

100・101

各90公分

C B A B C

預留大約20公分

14c

三編

結扣

7c

左右纏結

二邊繩線部份的處理方法：

100→將B和C共6條線編成二股三編

101→A的部份穿過手環本身在背面處理外側為C內側則有B和A，共4股

105

各80公分

D C B A B C D

預留大約15公分

14c

平結

8c

固定結6條線序編成二股三編須留大約

三編

三編

102

各90公分

C B A B C

預留大約20公分

A～C各用二條編成三編（左右各一股）

14c

左右纏結

三編

7c

固定結

分將6條編成二股三編

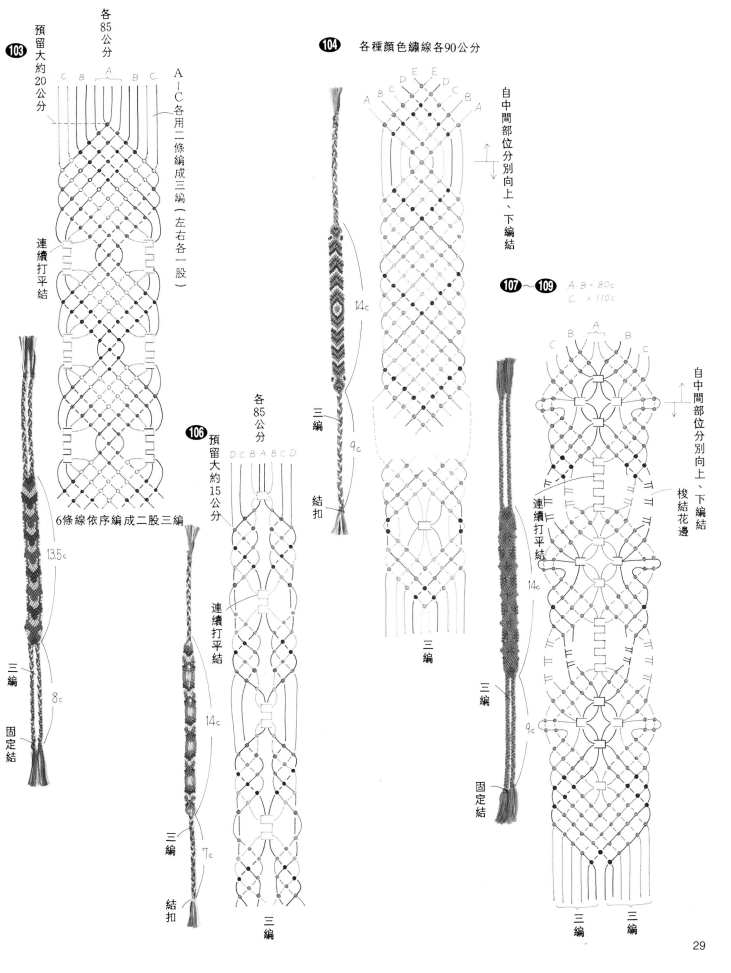

103 預留大約20公分

各85公分

C B A B C

A~C 各用二條編成三編（左右各一股）

連續打平結

6條線依序編成二股三編

13.5c

8c

三編

固定結

104 各種顏色繡線各90公分

D E E D
A B C C B A

自中間部位分別向上、下編結

14c

9c

三編

結扣

三編

106 預留大約15公分

各85公分

D C B A B C D

連續打平結

14c

7c

三編

結扣

三編

107~**109** A·B = 80c C = 110c

B A B
C B B C

自中間部位分別向上、下編結

梭結花邊

連續打平結

14c

9c

三編

固定結

三編 三編

112
113
114
115
116
117
112 ～ 122 的製作方法在第32頁
118
119
120
121
122

123

124

125

126

127

128

129

130

131

123 ～ 131 的製作方法在第16頁

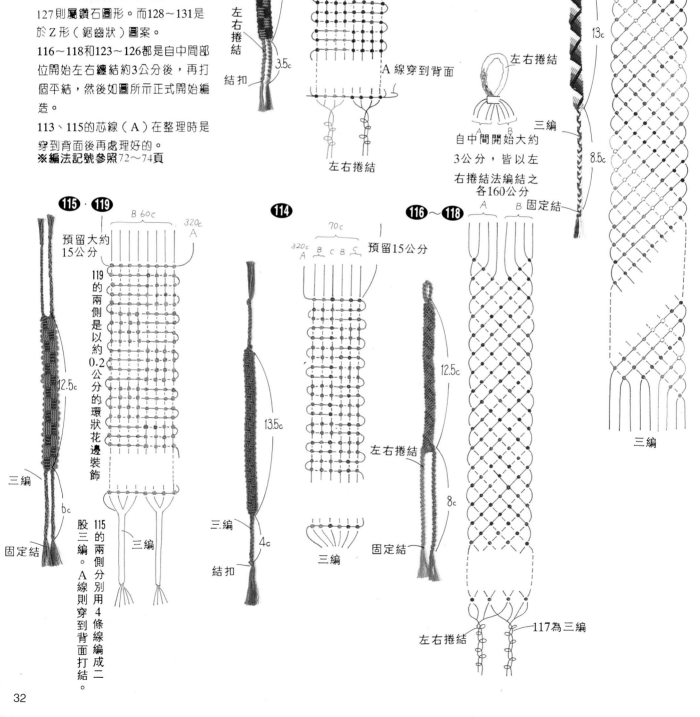

30、31頁插圖
的製作方法

112 ～ 131

♥材料

25號繡線（將6條當作1條使用）

♥重點

112～122屬於格子的圖案；123～
127則屬鑽石圖形。而128～131是
於Z形（鋸齒狀）圖案。

116～118和123～126都是自中間部
位開始左右纏結約3公分後，再打
個平結，然後如圖所示正式開始編
造。

113、115的芯線（A）在整理時是
穿到背面後再處理好的。

※編法記號參照72～74頁

113

360c

70c

A　B　C　D

預留約15公分

13.5c

3.5c

左右捲結

結扣

A線穿到背面

左右捲結

120

B＝130公分
其他＝90公分

預留約20公分

E D C B A

左右捲結

自中間開始大約
3公分，皆以左
右捲結法編結之
各160公分

三編

13c

8.5c

三編

115 · 119

B 60c

320c
A

預留大約15公分

119的兩側是以約0.2公分的環狀花邊裝飾

12.5c

三編

6c

固定結

115的兩側分別用4條線編成二股三編。A線則穿到背面打結。

三編

114

320c
A　B　C　B　C

70c

預留15公分

13.5c

三編

4c

結扣

三編

116 ～ 118

A　　　B 固定結

12.5c

左右捲結

8c

固定結

左右捲結

117為三編

32

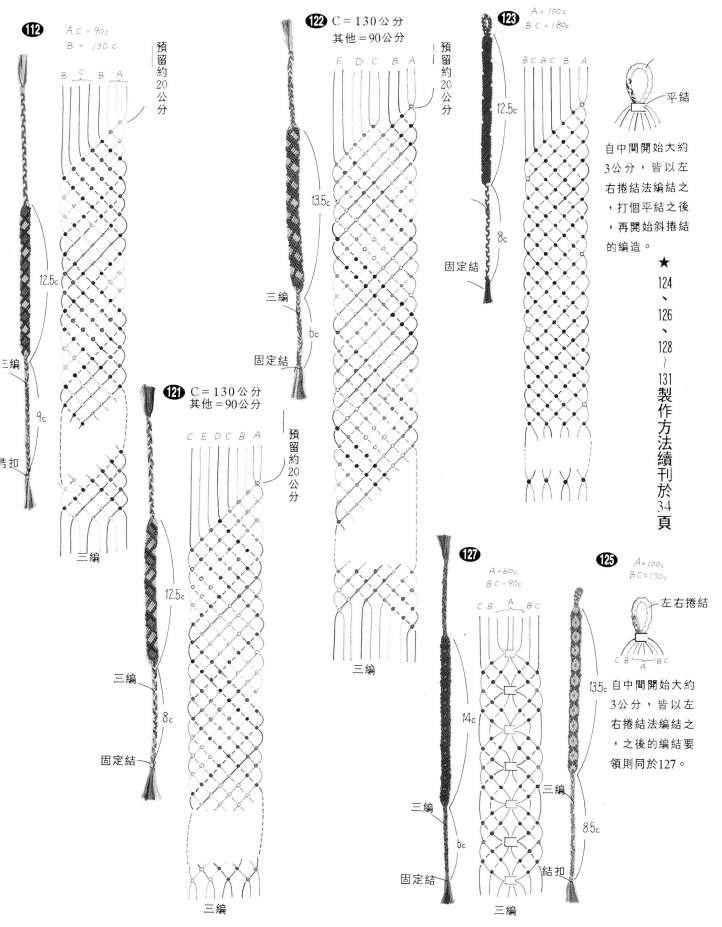

★124、126、128～131製作方法續刊於34頁

自中間開始大約3公分，皆以左右捲結法編結之，打個平結之後，再開始斜捲結的編造。

自中間開始大約3公分，皆以左右捲結法編結之，之後的編結要領則同於127。

124 A.B = 120c
C = 170c

左右捲結

平結

自中間向左右編結
左右捲結3公分

13c

5c

左右捲結

固定結

左右捲結

128 A = 60c
B.C.E = 90c
D = 100c

預留大約20公分

斜捲結

13c

三編

6c

結扣

三編

130 A = 90c
B.C = 70c

預留大約20公分

斜捲結

14c

三編

5c

固定結

A = 60c
B～D = 90c

三編

126 A = 120c
B.C = 170c

左右捲結3公分

平結

自中間向左右編結
左右捲結3公分

13c

左右捲結

7.5c

結扣

左右捲結

129 A = 100c
B.C = 80c

預留大約20公分

斜捲結

13.5c

三編

6c

固定結

三編

131

12.5c

三編

6c

固定結

三編

110・111

●材料
25號編線 (將6條併作1條使用)

●重點
110～111是屬於金剛鑽的種類
111是 從中間部位分別向上、
下編製。
※編法記號請參照72～74頁

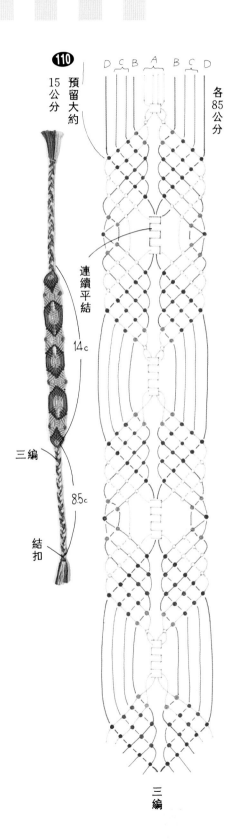

110

預留大約

15公分

各85公分

D C B A B C D

連續平結

14c

三編

8.5c

結扣

三編

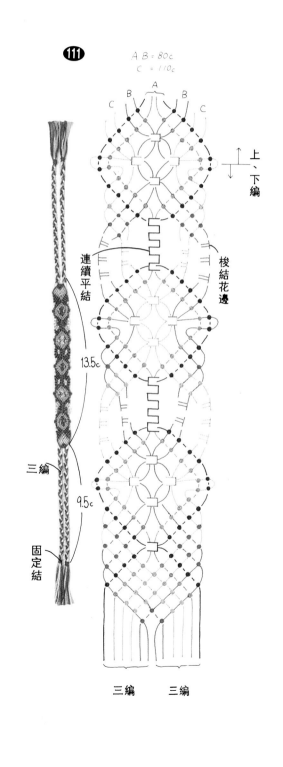

111

A B = 80c
C = 110c

C B A B C

上、下編

連續平結

梭結花邊

13.5c

三編

9.5c

固定結

三編　　三編

各式安地斯編繩的編法

即使統稱為安地斯編繩，製作方法各不相同，例如細的編繩要盡量搭配出色的顏色，此外，利用層層纏繞法編成的手環也頗具特色，還可以配合編製哦！

132～146 的製作方法在第37頁

132～146

●材料
25號繡線（將6條併作1條使用）、5號繡線

●重點
包括圓捲式編繩、四條式編繩、箭羽花紋圖案的編繩、正鉤編織法編繩及反鉤織法編繩……等。
140以5號繡線編結，135～137是以25號繡線編結（將6條併作1條使用）且都是以4條繡線編結而成。

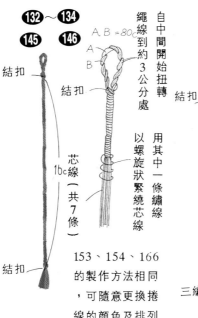

132～134 145 146

結扣
結扣
芯線（共7條）
16c
結扣

A.B＝80c
A
B
自中間開始扭轉
繩線到約3公分處
用其中一條繡線以螺旋狀緊繞芯線

153、154、166的製作方法相同，可隨意更換捲線的顏色及排列
165在中間部份的捲線由兩條不同色線擔任

144 A.B＝60c
A B
預留大約10公分

結扣
15c
芯線（2條）
三編
3.5c
結扣

A、B色線各以2條輪流呈斜曲角度捲繞芯線。
四條式編繩

135～137 A～D＝100c
用4條線編造（四編）

① A B 1 2 C D
② B 3 A D C
③ B D A C
④ D C B A
⑤

22c
結扣

箭羽花紋圖案的編造方法

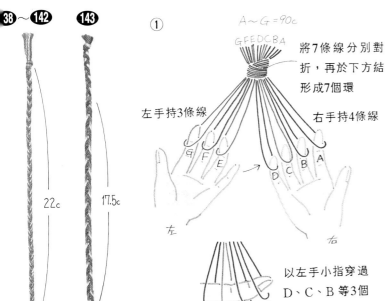

38～142 143

22c
17.5c
三編 固定結
結扣 3.5c
結扣

① A～G＝90c
GFEDCBA
將7條線分別對折，再於下方結形成7個環
左手持3條線 右手持4條線
G F E D C B A
以左手小指穿過D、C、B等3個環的內側，拉出A

② 移動右手的線，將小指空出來，其中B＝食指，C＝中指，D＝無名指

③ 右手小指穿過A、E、F3個環的內側，拉出G

④ 移動左手的線，將小指空出來，其中F＝食指，E＝中指，A＝無名指

⑤ 左手小指穿過G、D、C3個環的內側，拉出B

⑥ 交互運用左右手的小指，編組A～G等線

各式安地斯編繩的編法

147～154 的製作方法在第39頁

147
148
149
150
151
152
153
154

147～154

♥ 材料
25號繡線（將6條併作1條使用）
2號編花邊專用針

♥ 重點
正鉤編織法編繩及反鉤織法編繩。
147～149是以25號繡線編結（將6條
併作1條使用）且都是以4條繡線編結
而成。

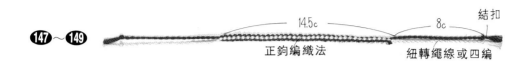

147～149

14.5c 8c 結扣
正鉤編織法 紐轉繩線或四編

正鉤編織法的編結方法

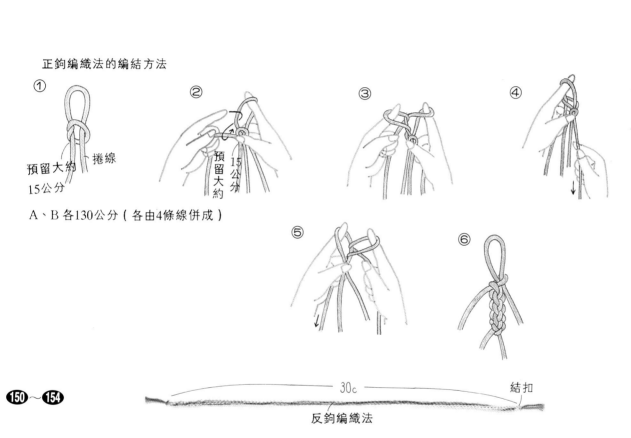

① 預留大約 捲線
15公分

② 預留大約15公分

③

④

A、B 各130公分（各由4條線併成）

⑤

⑥

150～154

30c 結扣
反鉤編織法

反鉤編織法的編結方法

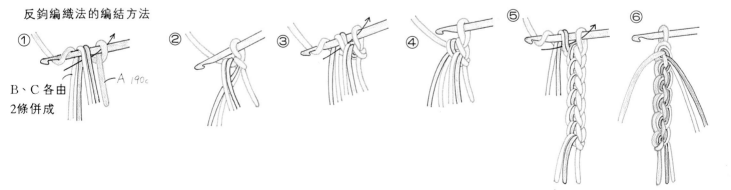

① B、C 各由
2條併成

A 190c

②

③

④

⑤

⑥

155

156

157

158

159

160

161

162

163

164

165

166

167

168

169

170

171

155 ～ 171 的製作方法在第41頁

第40頁插圖的製作方法

讓我們先熟練此種編繩的基本編法吧！

155～171

材料

25號繡線　50公分/8條（對折使用長度加倍，4條），另須約10平方公分厚紙板1張

重點

在厚紙板中央挖個直徑約1.5公分洞，然後四個邊上分別割4條大約1公分的縫

基本的編法有2種，往上編出Z字狀的旋轉Z編法和反方向編出的旋轉S編法，運用旋轉Z和旋轉S的組合，可以編出各式不同的圖樣。若想從Z轉到S，或從S轉到Z時，須將繡線的上、下方互換後，再重新編起，在此種編法中，最重要的訣竅就是繡線要編緊，才能編得完美。

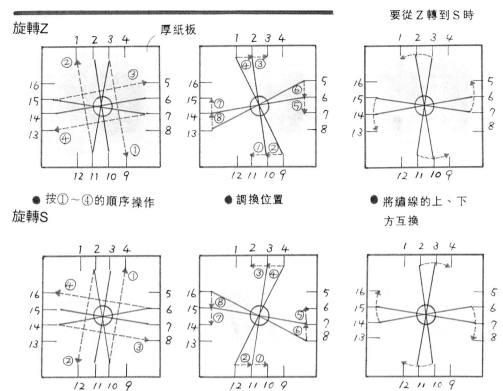

旋轉Z　　　厚紙板　　　　　　　　　　　　要從Z轉到S時

● 按①～④的順序操作　● 調換位置　● 將繡線的上、下方互換

旋轉S

● 按①～④的順序操作　● 調換位置　● 繡線的上、下方互換

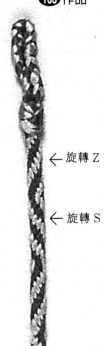

163 作品

← 旋轉Z

← 旋轉S

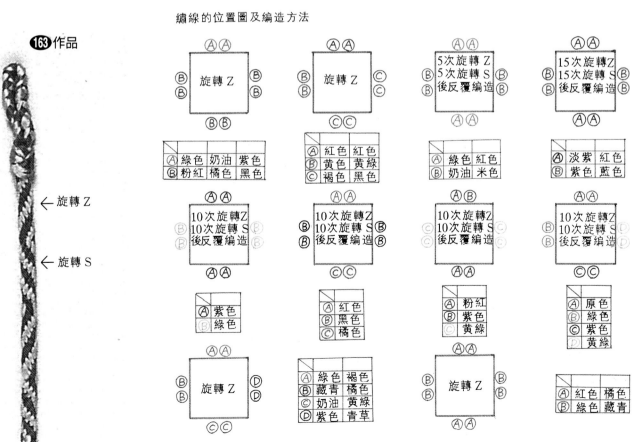

繡線的位置圖及編造方法

	Ⓐ Ⓐ	
Ⓑ	旋轉Z	Ⓑ
Ⓑ		Ⓑ
	Ⓑ Ⓑ	

	綠色	奶油	紫色
Ⓐ	綠色	奶油	紫色
Ⓑ	粉紅	橘色	黑色

	Ⓐ Ⓐ	
Ⓑ	旋轉Z	Ⓒ
Ⓑ		Ⓒ
	Ⓒ Ⓒ	

	紅色	紅色
Ⓐ	紅色	紅色
Ⓑ	黃色	黃綠
Ⓒ	褐色	黑色

	Ⓐ Ⓐ	
Ⓑ	5次旋轉Z 5次旋轉S 後反覆編造	Ⓑ
Ⓑ		Ⓑ
	Ⓐ Ⓐ	

	綠色	紅色
Ⓐ	綠色	紅色
Ⓑ	奶油	米色

	Ⓐ Ⓐ	
Ⓑ	15次旋轉Z 15次旋轉S 後反覆編造	Ⓑ
Ⓑ		Ⓑ
	Ⓐ Ⓐ	

	淡紫	紅色
Ⓐ	淡紫	紅色
Ⓑ	紫色	藍色

	Ⓐ Ⓐ	
Ⓑ	10次旋轉Z 10次旋轉S 後反覆編造	Ⓑ
	Ⓐ Ⓐ	

	紫色
Ⓐ	紫色
Ⓑ	綠色

	Ⓐ Ⓐ	
Ⓑ	10次旋轉Z 10次旋轉S 後反覆編造	Ⓑ
	Ⓒ Ⓒ	

	紅色
Ⓐ	紅色
Ⓑ	黑色
Ⓒ	橘色

	Ⓐ Ⓑ	
Ⓒ	10次旋轉Z 10次旋轉S 後反覆編造	Ⓒ
	Ⓐ Ⓐ	

	粉紅
Ⓐ	粉紅
Ⓑ	紫色
Ⓒ	黃綠

	Ⓐ Ⓐ	
Ⓑ	10次旋轉Z 10次旋轉S 後反覆編造	Ⓑ
	Ⓒ Ⓒ	

	原色
Ⓐ	原色
Ⓑ	綠色
Ⓒ	紫色
Ⓓ	黃綠

	Ⓐ Ⓐ	
Ⓑ	旋轉Z	Ⓓ
Ⓑ		Ⓓ
	Ⓒ Ⓒ	

	綠色	褐色
Ⓐ	綠色	褐色
Ⓑ	藏青	橘色
Ⓒ	奶油	黃綠
Ⓓ	紫色	青草

	Ⓐ Ⓐ	
Ⓑ	旋轉Z	Ⓑ
Ⓑ		Ⓑ
	Ⓐ Ⓐ	

	紅色	橘色
Ⓐ	紅色	橘色
Ⓑ	綠色	藏青

用鉤針輔助編成的
祈福幸運手環

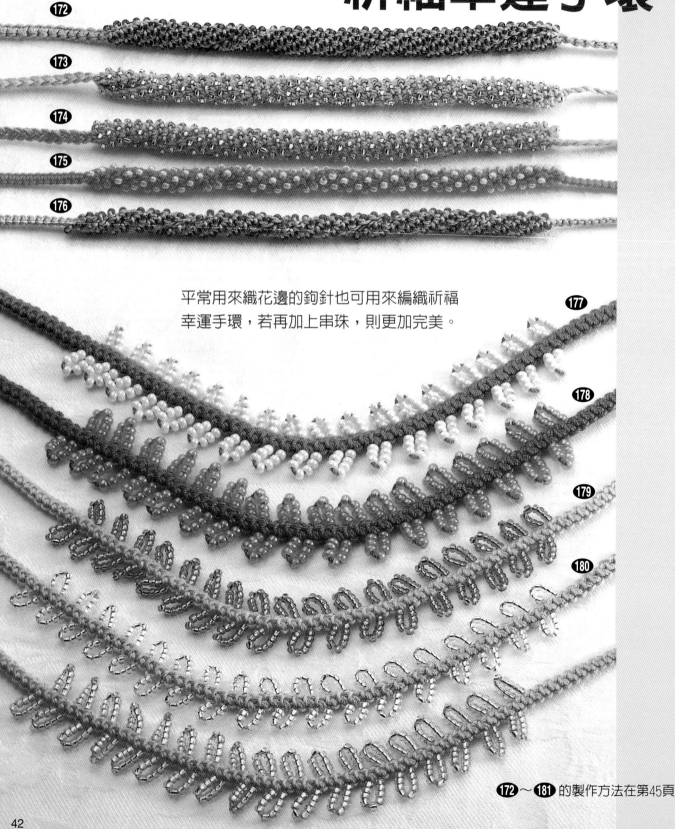

172
173
174
175
176

平常用來織花邊的鉤針也可用來編織祈福
幸運手環，若再加上串珠，則更加完美。

177
178
179
180

172～181 的製作方法在第45頁

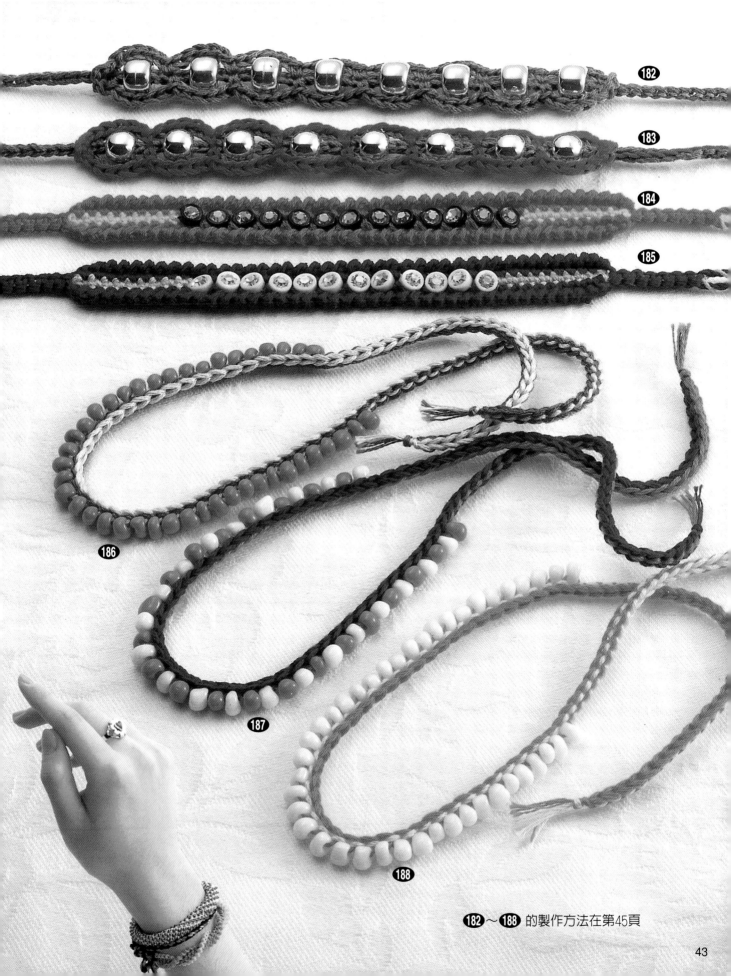

182
183
184
185
186
187
188

182～188 的製作方法在第45頁

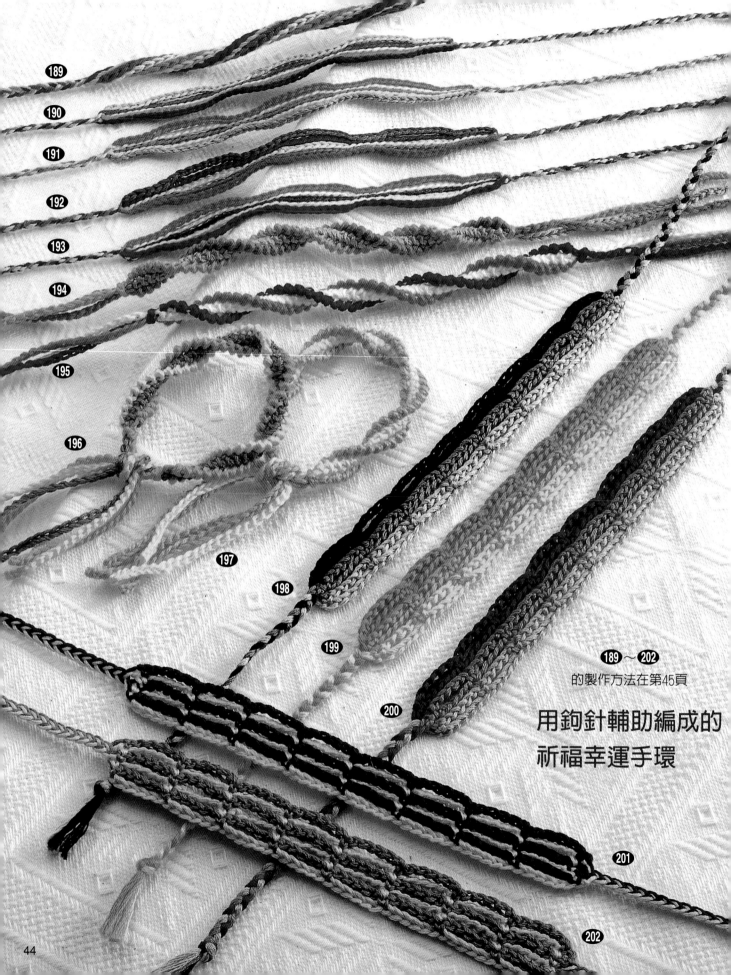

189

190

191

192

193

194

195

196

197

198

199

200

189～202
的製作方法在第45頁

用鉤針輔助編成的
祈福幸運手環

201

202

44

第42~44頁插圖的製作方法

172~181

♥材料
花邊用線，串珠（直徑1.5mm、2mm），2號編花邊用鉤針，工藝用粘著劑

♥重點
用花邊用線穿過串珠編織而成的，但177、178是使用直徑2mm的串珠。

182~188

♥材料
25號繡線（將6條併作1條使用）、花邊用線、串珠（直徑8mm）、勾形玉墜、串珠（4mm）、會發亮的串珠（直徑4mm）、2號編花邊用的鉤針

♥重點
182、183中，中間部份的繩子編結之前先將串珠穿入；184、185則是在編第一段和第二段時，一面編結串連串珠的線。
186~188則有用到勾形墜子

189~202

♥材料
25號繡線（將6條併作1條使用）、2號編花邊用的鉤針

♥重點
189是以正鉤編織法編結而成
190~193是以鎖鏈織法和正鉤編織法編結而成
194~197是以蝦紋織法（參照第55頁），再於二側加上反面細編法，（參照第54頁）編結而成。
198~202是以鎖鏈織法和細編法編結而成

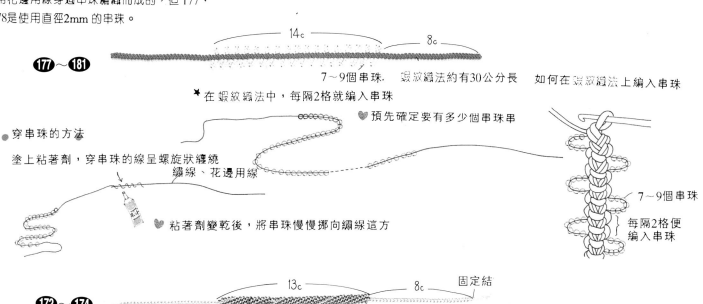

177~181

7~9個串珠. 蝦紋織法約有30公分長

★在蝦紋織法中，每隔2格就編入串珠

♥預先確定要有多少個串珠串

如何在蝦紋織法上編入串珠

●穿串珠的方法
塗上粘著劑，穿串珠的線呈螺旋狀纏繞
繡線、花邊用線

♥粘著劑變乾後，將串珠慢慢挪向繡線這方

7~9個串珠

每隔2格便編入串珠

172~174

13c　8c　固定結

自然地扭轉編好的部份　馬庫拉編法或三編

♥172~176兩面皆有規則圖案

175・176

13c　8c　固定結

4段　自然地扭轉編好的部份　馬庫拉法

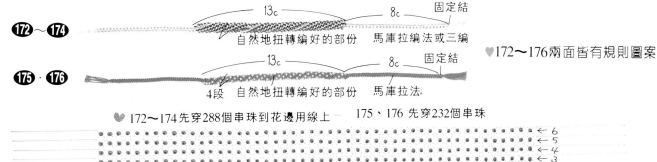

♥172~174先穿288個串珠到花邊用線上

175、176先穿232個串珠

←6
←5
←4
←3
←2
←1段

預留大約20公分
●直徑1.5mm的串珠288個
編出48個鎖鏈環，共長約13公分
預留大約20公分

182・183

13c　7c

結扣

直徑8mm的串珠　編結約30公分長的反鉤織法，並穿入8個串珠

B
A

只有B採用細編法

將抽出來的線剪斷
加線

將末端的線打成結扣

★184~202的製作方法續刊於46、47頁

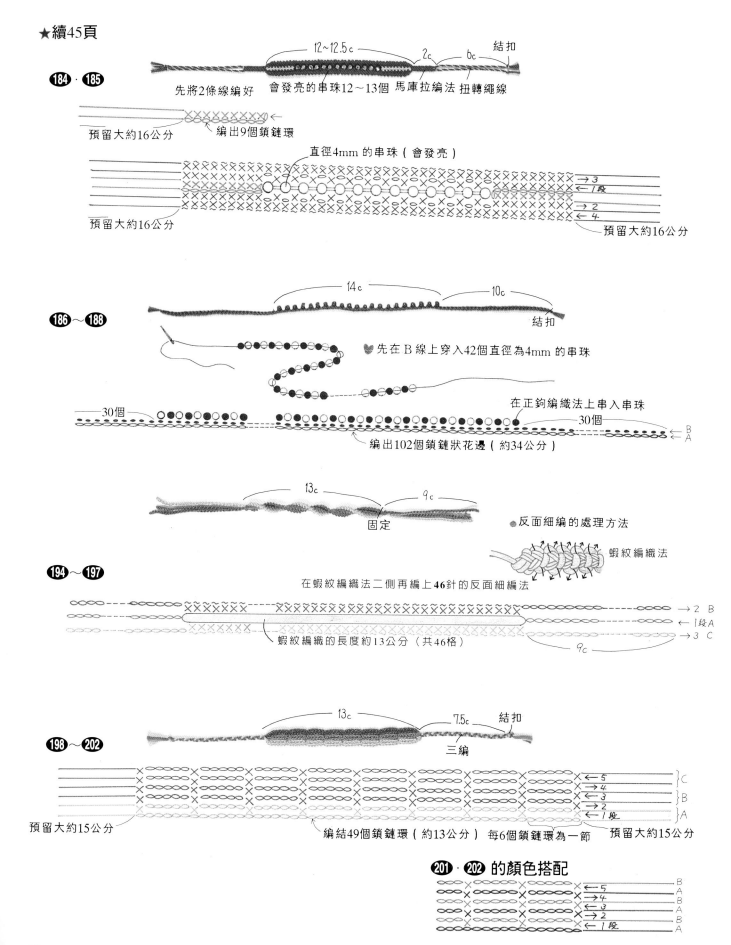

184 · 185

先將2條線編好　會發亮的串珠12～13個　馬庫拉編法　扭轉繩線

12～12.5c　2c　6c　結扣

預留大約16公分　編出9個鎖鏈環

直徑4mm的串珠（會發亮）

預留大約16公分

→3　←1段　→2　←4

預留大約16公分

186～188

14c　10c　結扣

先在B線上穿入42個直徑為4mm的串珠

在正鉤編織法上串入串珠

30個　30個

編出102個鎖鏈狀花邊（約34公分）

B　A

194～197

13c　9c

固定

反面細編的處理方法

蝦紋編織法

在蝦紋編織法二側再編上46針的反面細編法

蝦紋編織的長度約13公分（共46格）

→2 B　←1段A　→3 C

9c

198～202

13c　7.5c　結扣

三編

預留大約15公分

編結49個鎖鏈環（約13公分）　每6個鎖鏈環為一節　預留大約15公分

←5　→4　←3　→2　←1段　}C }B }A

201 · 202 的顏色搭配

←5　→4　←3　→2　←1段　B A B A B A

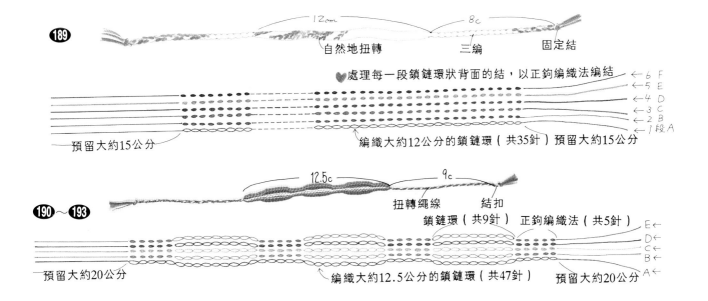

189

12cm / 8c

自然地扭轉　　三編　　固定結

♥處理每一段鎖鏈環狀背面的結，以正鉤編織法編結

←6 F
←5 E
←4 D
←3 C
←2 B
←1 段 A

預留大約15公分　　　編織大約12公分的鎖鏈環（共35針）預留大約15公分

190～193

12.5c / 9c

扭轉繩線　　結扣

鎖鏈環（共9針）　正鉤編織法（共5針）

E ←
D ←
C ←
B ←
A ←

預留大約20公分　　　編織大約12.5公分的鎖鏈環（共47針）　　　預留大約20公分

★接續第49頁

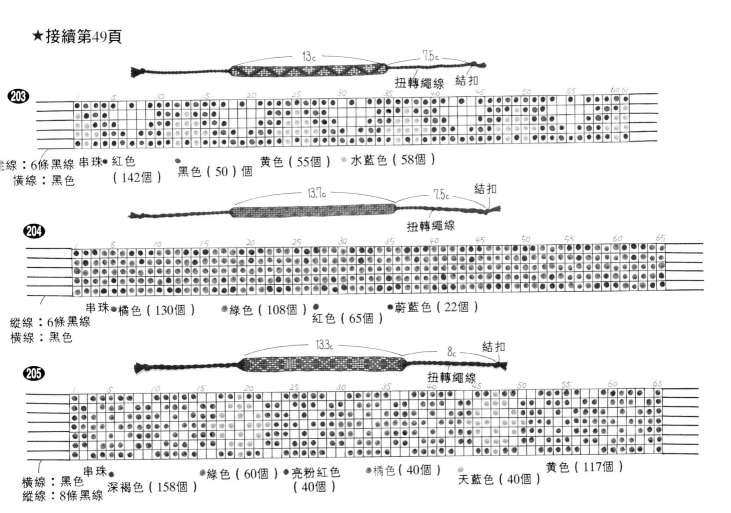

203

13c / 7.5c

扭轉繩線　結扣

縱線：6條黑線　　串珠●紅色（142個）　●黑色（50）個　●黃色（55個）　●水藍色（58個）
橫線：黑色

204

13.7c / 7.5c　結扣

扭轉繩線

串珠●橘色（130個）　●綠色（108個）　●紅色（65個）　●蔚藍色（22個）

縱線：6條黑線
橫線：黑色

205

13.3c / 8c　結扣

扭轉繩線

橫線：黑色　　串珠●　●綠色（60個）　●亮粉紅色（40個）　●橘色（40個）　　黃色（117個）
縱線：8條黑線　深褐色（158個）　　　　　　　　　　　　　　●天藍色（40個）

完全用串珠編成的祈福幸運手環

串珠為目前最受注目的材料，如果串得好，
串珠絕不會脫落，試試看哦！

203〜214 的製作方法在第49頁

48

第48頁插圖
的製作方法

203～205

♥ 材料

25號繡線　（將6條併作1條使用）、串珠專用線、串珠用針、接線器

♥ 重點

將25號繡線（取6條）用做縱線，串珠專用線做為橫線，然後依圖案將串珠編入。（參照第68頁）

206～214

♥ 材料

25號繡線、小圓串珠（1.5mm）、大串圓珠（2mm）、竹串珠（3mm、6mm）、E形串珠（3mm）、串珠用針、接線器

♥ 重點

208、209中皆將1條（6條併成）繡線分成3等分，各2條使用之。

206、207、210～214則將1條（6條併成）繡線分成2等分，各3條使用之。

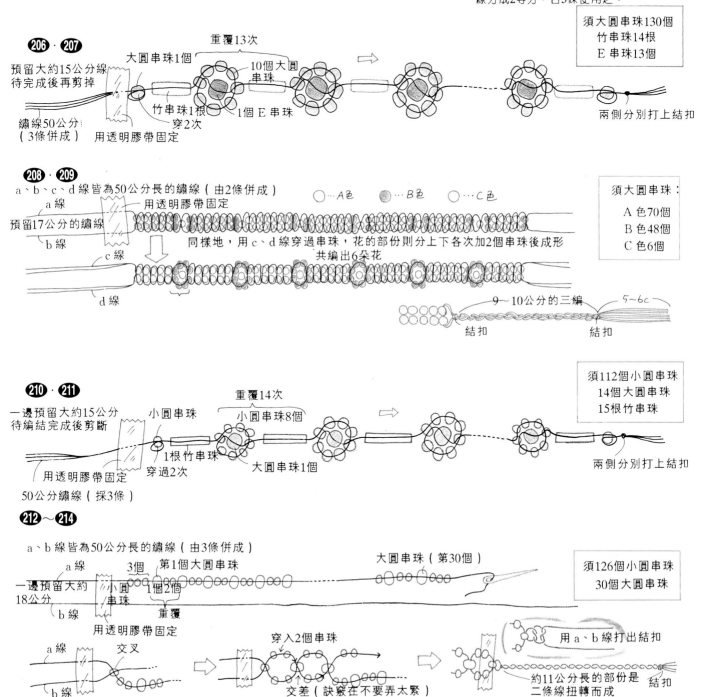

206・207

預留大約15公分線待完成後再剪掉

繡線50公分（3條併成）

用透明膠帶固定

大圓串珠1個

重覆13次

10個大圓串珠

竹串珠1根　穿2次

1個E串珠

兩側分別打上結扣

須大圓串珠130個
竹串珠14根
E串珠13個

208・209

a、b、c、d線皆為50公分長的繡線（由2條併成）

a線

預留17公分的繡線

b線

c線

用透明膠帶固定

○…A色　●…B色　○…C色

同樣地，用c、d線穿過串珠，花的部份則分上下各次加2個串珠後成形共編出6朵花

d線

9～10公分的三編

5～6c

結扣　結扣

須大圓串珠：
A色70個
B色48個
C色6個

210・211

一邊預留大約15公分待編結完成後剪斷

用透明膠帶固定

50公分繡線（採3條）

小圓串珠

重覆14次

小圓串珠8個

1根竹串珠　穿過2次

大圓串珠1個

兩側分別打上結扣

須112個小圓串珠
14個大圓串珠
15根竹串珠

212～214

a、b線皆為50公分長的繡線（由3條併成）

a線

一邊預留大約18公分

b線

用透明膠帶固定

3個小圓串珠　1個2個　重覆

第1個大圓串珠

大圓串珠（第30個）

須126個小圓串珠
30個大圓串珠

a線

交叉

b線

穿入2個串珠

交差（訣竅在不要弄太緊）

用a、b線打出結扣

約11公分長的部份是二條線扭轉而成

結扣

★ **203～205** 的製作方法
刊於47頁

皮製手環，拉風！

217

216

215

218

219

220

221

223

224

225

目前皮繩的受歡迎程度正持續上升中，有些甚至只要穿過較大的串珠即可完成一條手環，簡單的不得了哦！

215～**225** 的製作方法在第51頁

215·216 材料 0.7公分寬、14公分長的皮繩；0.3公分寬、12公分長的皮繩，直徑0.5公分的圖釘3枚。

217·225 材料 0.3公分寬、32公分長的皮繩，13個直徑0.9公分的串珠。

218·219·220 材料 4條長40公分、寬0.4公分長的皮繩；3個心形的圖釘（只有218會用到）

221·222 材料 15公分長、0.7公分寬的皮繩，3條40公分的繡線（25號）

223 材料 40公分長、0.3公分寬的皮繩，10個直徑0.4公分的串珠。

224 材料 長32公分、直徑0.2公分的皮繩1條，直徑0.7公分的木頭串珠14個，直徑0.9公分的串珠1個

♥ **重點**
215、216、221、222中用的是稍具厚度的皮繩，218、219、220中用的則是薄的皮繩，而無論皮繩的厚薄如何，皆以柔軟為原則

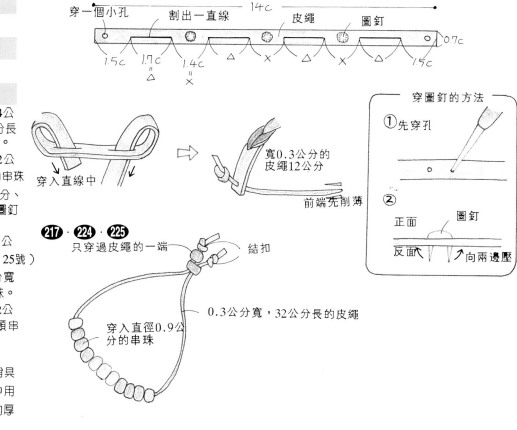

215·216
穿一個小孔　割出一直線　　皮繩　圖釘
14c
0.7c
1.5c　1.7c　1.4c　△　×　△　×　△　1.5c
△　×

穿入直線中
寬0.3公分的皮繩12公分
前端先削薄

穿圖釘的方法
①先穿孔
②正面　圖釘
反面　向兩邊壓

217·224·225
只穿過皮繩的一端　　結扣
0.3公分寬，32公分長的皮繩
穿入直徑0.9公分的串珠

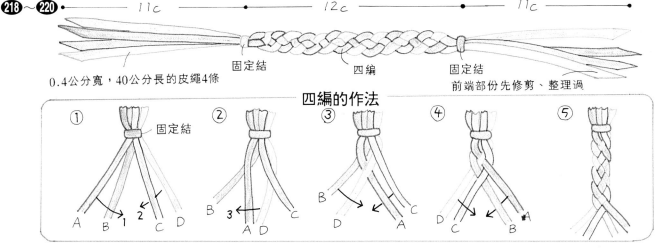

218～220
11c　　12c　　11c
0.4公分寬，40公分長的皮繩4條
固定結　　四編　　固定結
前端部份先修剪、整理過

四編的作法
① 固定結
A　B　1　2　C　D
② B　3　A　D　C
③ B　D　A　C
④ D　C　B　A
⑤

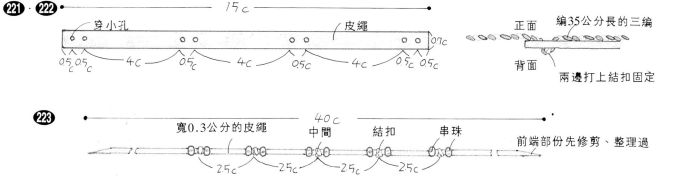

221·222
15c
穿小孔　　　　皮繩
0.7c
0.5c 0.5c　4c　0.5c　4c　0.5c　4c　0.5c 0.5c
正面　編35公分長的三編
背面
兩邊打上結扣固定

223
40c
寬0.3公分的皮繩　中間　結扣　串珠
2.5c　2.5c　2.5c　2.5c
前端部份先修剪、整理過

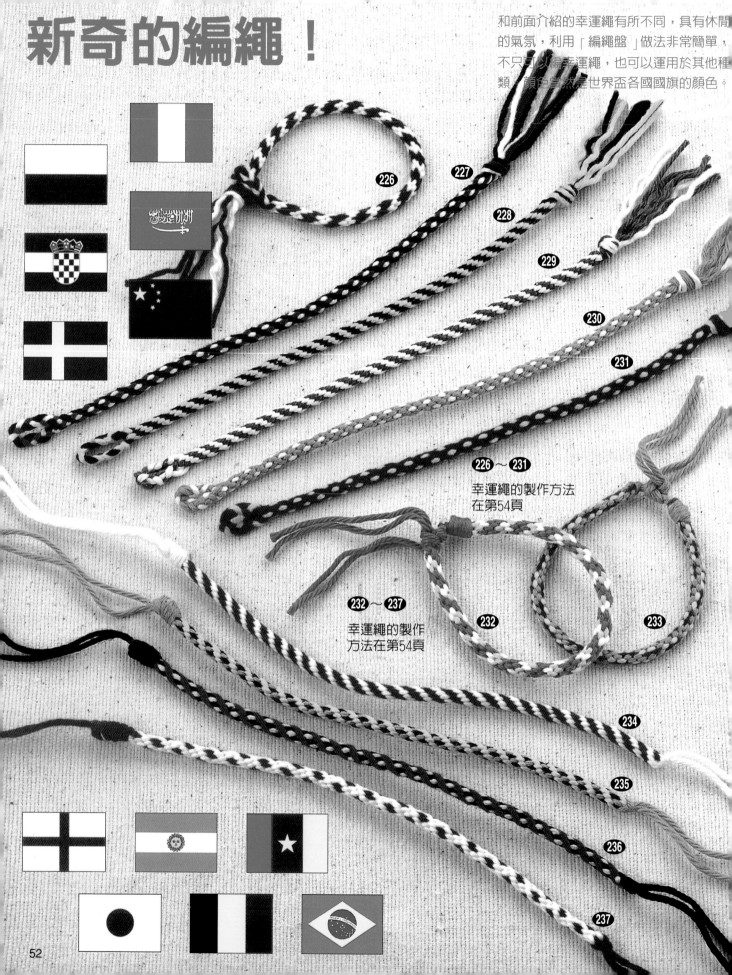

新奇的編繩！

226～231

幸運繩的製作方法
在第54頁

232～237

幸運繩的製作
方法在第54頁

52

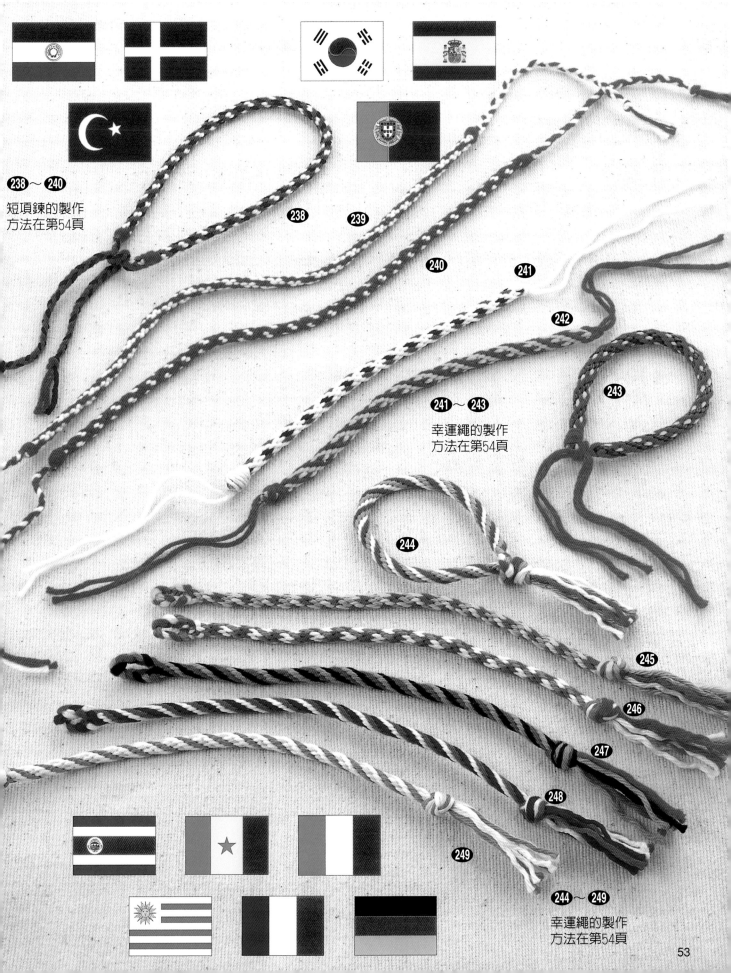

238～240

短項鍊的製作
方法在第54頁

241～243

幸運繩的製作
方法在第54頁

244～249

幸運繩的製作
方法在第54頁

53

226 ～ **249**

♥材料

Hamanaka編織棉線
(使用量別表 p 55)

Hamanaka編繩盤

膠

Hamanaka編織棉線顏色號碼

白	1	赤	6
綠	2	青	8
黃	3	水色	9
橙	4	深綠	23
		黑	20

Hamanaka編繩盤

---

226 ～ **231**　　**244** ～ **249**

1 依右頁的使用線一覽表，將線剪成指定長度。

2 編線全部合起，在中央編成三股。

編成3股4公分　（※ c＝公分）

3 中央對折，收尾的部分用別線輕輕打結。

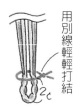

用別線輕輕打結

始端

約28c

約20c

約6c

4 依編織圖，將線裝在「編繩盤」上。

5 226～231依「8Z螺旋狀」，244～249依「12Z螺旋狀」編織20cm。

6 把線從盤中拿開。

7 收尾時全部合起打結，多餘的線剪掉。拿開在步驟3中打結的別線。

---

232 ～ **237**　　**241** ～ **243**

1 依右頁的使用線一覽表，將線剪成指定長度。

2 將編線全部合在一起，中央用別線(30cm)依圖套上。

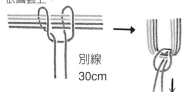

別線 30cm

3 將2的部分套入「編織盤」的洞內，依圖示裝置線。

4 232～237依「8Z螺旋狀」，241～243依「12Z螺旋狀」編織20cm。

5 從盤中將線拿起。

6 收尾的一側，留下與別線同色系的線兩條，剩餘的在收尾部分剪掉。(為免散開用膠固定)

7 剩餘的2條進行捲上結(參照p58)，兩線端都剪成10cm長。

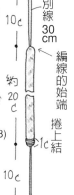

別線 30cm

10c

約20c

編線的始端

捲上結

1c

10c

---

238 ～ **240**

1 依右頁的使用線一覽表，將線剪成指定長度。

2 將編線全部合在一起，線端留下30cm輕輕打結。

3 打結後線端穿入中央的孔中，依圖將線套在編繩盤上。

4 依「8z旋轉盤」編30cm。

5 從盤中將線拿起。

6 最後一個結，將兩端的線各留三根，剩下的再收尾之後剪掉。(為避免散開用膠固定)。

7 將剩下3根的其中一根作「捲上結」(參照p58)。(進行 5～6 次)

8 兩端將三股各編成一條15cm，將多餘的線剪掉。

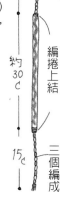

輕輕打結

留下30cm

三個編成

編捲上結

約30c

15c

三個編成

15c

將線裝在編繩盤上

★ 8Z旋轉法的編法

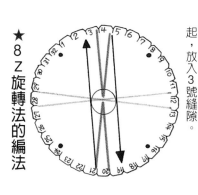

5號的線從縫隙拿起，放入3號縫隙。將21號的線從縫隙拿起，放入19號縫隙。

27號縫隙。將29號的線從縫隙拿起，放入11號縫隙。接著依照號碼重複1、2的動作。

★ 12Z旋轉法的編法

5號的線從縫隙拿起，放入3號縫隙。將21號的線從縫隙拿起，放入19號縫隙。

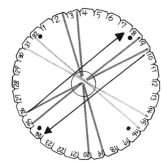

10號的線從縫隙拿起，放入8號縫隙。將26號的線從縫隙拿起，放入24號縫隙。

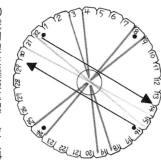

30號縫隙。將32號的線從縫隙拿起，放入14號縫隙。接著依照號碼重複1～3的動作。

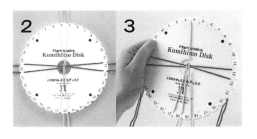

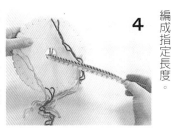

繩子的一端裝入盤的中央孔。

依下圖將線勾上縫細，（縫隙為號碼左側），以指定的編法移動線。

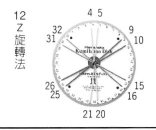

編成指定長度。

8
Z旋轉法

	4 5	
29		12
28		13
	21 20	

12
Z旋轉法

	4 5	
32 31		9
		10
26		15
25		16
	21 20	

16
Z旋轉法

	5 6	
1 2		9
30		10
29		13
26		14
25		17
22 21	18	

★ 使用線一覽表（配色・長度）

編線（120cm）	別線（1根）	
	15cm	30cm
226 紅・白（各2根）	紅	
227 紅・白（各1根）、藍（2根）	紅	
228 藍・黃（各2根）	藍	
229 白・深綠（各2根）	白	
230 白（各1根）綠（3根）	白	
231 黃（1根）紅（3根）	黃	
232 白・黃（各1根）、淡藍（2根）	淡藍	淡藍
233 紅・黃（各1根）、綠（2根）	綠	綠
234 紅・白（各2根）	白	白
235 綠・藍（各1根）、黃（2根）	綠	綠
236 黑・黃（各1根）、紅（2根）	黑	黑
237 紅（1根）、白（3根）	紅	紅
238 紅・白（130cm各2）、紅（130cm4根）	紅	
239 白・紅（130cm各4根）	紅	
240 白（130cm2根）、紅（130cm6根）	紅	
241 藍・紅（各1根）、白（4根）	白	白
242 紅・黃（各3根）	紅	紅
243 黃（1根）、深綠（2根）、紅（3根）	紅	紅
244 綠・白・紅（各2根）	綠	
245 綠・黃・紅（各2根）	綠	
246 淡藍・白・紅（各2根）	淡藍	
247 黑・紅・橙（各2根）	黑	
248 藍・白・紅（各2根）	藍	
249 黃（1根）、淡藍（2根）、白（3根）	黃	

★ 線的編織圖（配色）

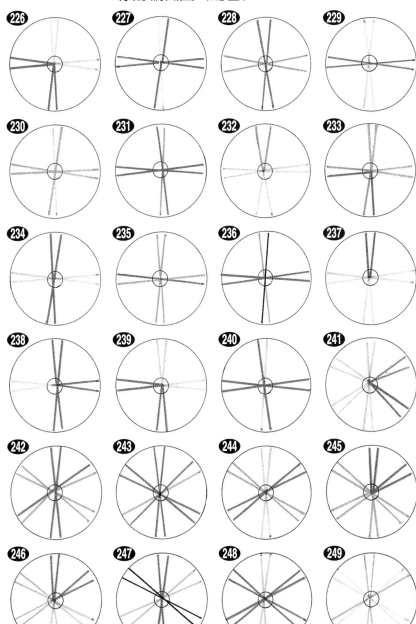

226　227　228　229
230　231　232　233
234　235　236　237
238　239　240　241
242　243　244　245
246　247　248　249

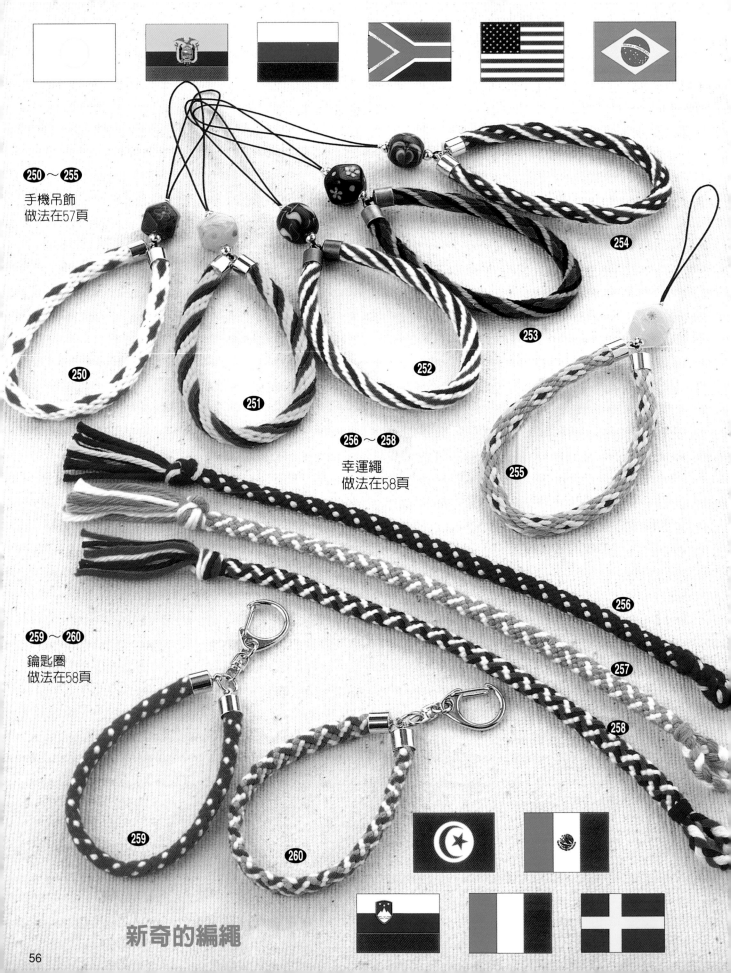

250～255

手機吊飾
做法在57頁

256～258

幸運繩
做法在58頁

259～260

鑰匙圈
做法在58頁

250

251

252

253

254

255

256

257

258

259

260

新奇的編繩

第56頁插圖的製作方法

250 ~ 255

♥材料

Hamanaka 編織棉線 (使用量於下表)
Hamanaka 編繩盤 Hamanaka 藝術珠與零件 吊飾線 (黑) 各25cm 罩子 8.5*12mm(250、251、254 銀、252古銅、253 黃銅、255 金) 各2 個 擋珠 (銀、2mm) 各一個 彩色珠、金屬5mm(250、251、254銀、252、253、255金) 各2個 琉璃珠 16mm (12面珠 250 紅、251奶油、253黑、255翡翠 有花紋、252 藍 橘珠、254紅) 各1 個 工藝用樹脂 鐵絲各 15cm

將線依使用線一覽表剪成指定長度。255要將藍與綠的60cm線打結。

→ 打結

將全部的編線合起，如圖將別線掛在中央(15cm)。

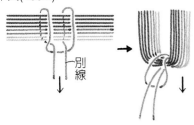

→ 別線

4 將3的部份裝入「編繩盤 」的孔中，依圖將線裝上。

5 「16Z旋轉編法 」編21公分長，從盤中拿開。

6 將開始編的別線拿開，將這條線綁在收尾部份。線端留下0.3cm剪掉。

7 罩子內沾膠，插入兩端固定。

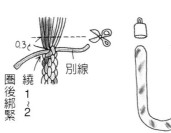

8 裝上吊飾線，穿過珠子、琉璃珠、擋珠固定。

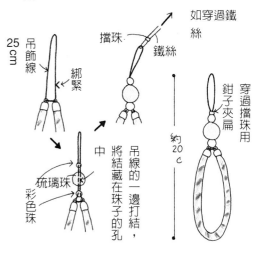

16Z 旋轉法的編法

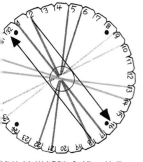

號的線從縫隙拿起，放入 號縫隙。將18號的線從縫 拿起，放入32號縫隙。

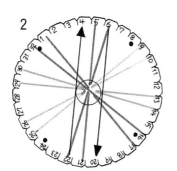

6號的線從縫隙拿起，放入20號縫隙。將22號的線從縫隙拿起，放入4號縫隙。

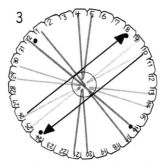

10號的線從縫隙拿起，放入24號縫隙。將26號的線從縫隙拿起，放入8號縫隙。

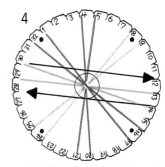

14的線從縫隙拿起，放入28號縫隙。將30號的線從縫隙拿起，放入12號縫隙。接著依照號碼重複1-4的動作。

★ 使用線一覽表（配色・長度）

	編線（120cm）	別線（1根）	
		15cm	30cm
250	紅（2根）・白（6根）	白	
251	藍・紅（各2根）、黃（4根）	藍	
252	藍・紅（各2根）、白（4根）	紅	
253	綠・紅・藍・黑（各2根）	綠	
254	紅（2根）、白・藍（各3根）	紅	
255	綠・藍（各60cm打結）黃（3根）、綠（4根）	綠	

★ 線的編織圖（配色）

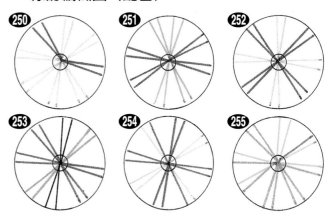

250 **251** **252**
253 **254** **255**

第56頁插圖的製作方法

259 ～ 260

1 將線依使用線一覽表剪成指定長度。

2 將全部的編線合起，如圖將別

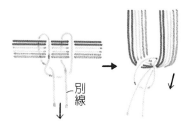

別線

---

256 ～ 258

♥ 材料

Hamanaka 編織棉線 (使用量於下表) Hamanaka 編繩盤

♥ 要點

編法為「12內記組」，做法與54頁的244~249一樣。（到步驟3時作捲上結）

線掛在中央（15cm）。

3 將2的部分裝入「編繩盤」的孔中，依圖將線裝上。

4 用「12內記編」編21cm長，從盤上拿開。

5 將開始編的別線拿開，將這條線綁在收尾部分。線端留下0.3cm剪掉。

6 罩子內沾膠，插入兩端固定。

7 裝上鑰匙圈的零件。

---

259 ～ 260

♥ 材料

Hamanaka編織棉線(使用量於下表) Hamanaka編繩盤

Hamanaka藝術珠與零件

罩子8.5×12mm(銀)　各2個

市售鑰匙圈零件　　　各1個

工藝用樹脂

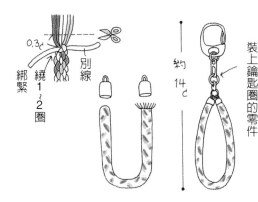

★12內記編的編法

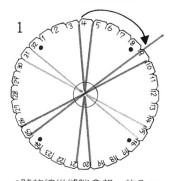

1 9號的線從縫隙拿起，放入10號縫隙。將4號的線從縫隙拿起，放入9號縫隙。

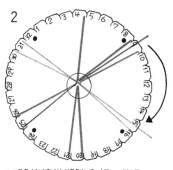

2 15號的線從縫隙拿起，放入16號縫隙。將9號的線從縫隙拿起，放入15號縫隙。

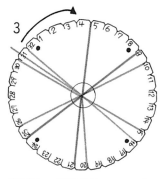

3 接著依15的線放入20，20的線放入25，25的線放入31，31的線放入4之縫隙的順序移動。

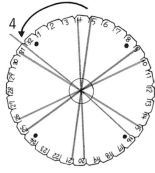

4 接著逆時針方向轉動。將32號的線從縫隙拿起，放入31號縫隙。將5號的線從縫隙拿起，放入32號縫隙。再重複一圈。接著又是逆時針方向轉動(1~3)，隔一段交替重複一次。

★線的編織圖（配色）

256

257

258

259

260

★（顏色・長度）使用線一覽表		編線（120cm）	別線（1根）	
			15cm	30cm
	256	黃（1根）・藍（5根）	藍	
	257	白・綠・橙（各2根）	白	
	258	白・紅・藍（各2根）	白	
	259	白（1根）・紅（5根）	紅	
	260	白・綠・紅（各2根）	白	

捲上結

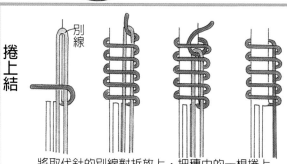

將取代針的別線對折放上，把穗中的一根捲上5~6次，再把這條線穿入別線的環中，將別線從下方抽出拉開。

向祈福幸運手環的製作方法挑戰

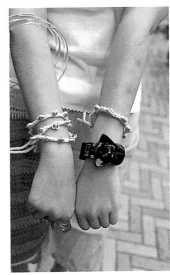

向祈福幸運手環的製作方法挑戰！

幸運手環製作方法的要點是金屬零件的連接方法。只要學會了它不論什麼樣的手環皆可隨意編製。來動手吧！

多練習幸運手環製作要訣如果學會了一些製作的要訣，就能夠製作出很優美的作品。

準備工具

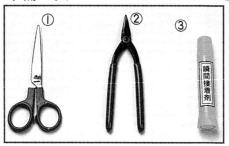

① 剪刀
② 鉗子或者尖嘴鉗
③ 瞬間接著劑（瞬間膠）

藏 頭 式 繩 頭 夾 使 用 方 法

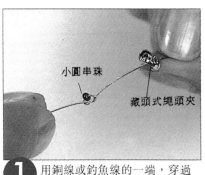

小圓串珠
藏頭式繩頭夾

① 用銅線或釣魚線的一端，穿過藏頭式繩頭夾及小圓串珠後綁緊。

② 在打結處塗上接著劑把多餘的銅線和釣魚線剪斷。

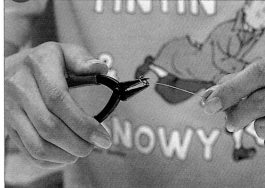

③ 用鉗子把藏頭式繩頭夾夾合固定，請注意不要夾到手。

連接環
項鍊頭

④ 一端的藏頭式繩頭夾接上連接環及項鍊頭。

連接片
連接環

⑤ 另一端的藏頭式繩頭夾則接上連接環及雙孔連接片。

皮 繩 用 繩 頭 夾 的 夾 緊 固 定 方 法

皮繩用繩頭夾

1 皮繩的一頭，夾上繩頭夾，兩邊都用尖嘴鉗壓合弄緊。

2 不可讓繩頭夾脫落，請確認是否牢牢地固定了。

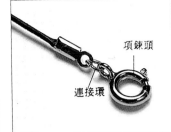

項鍊頭

連接環

3 在一頭的繩頭夾上接上連接環及項鍊頭。

連接片

連接環

4 在另一頭的繩頭夾上接上連接環及雙孔連接片。

固 定 環 之 使 用 方 法

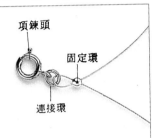

項鍊頭

固定環

連接環

1 接上項鍊頭和連接環後銅線穿過固定環及連接環。

2 將固定環壓緊後，將比較長的一端穿上串珠。

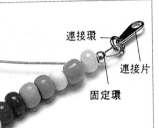

連接環

連接片

固定環

3 穿完串珠以後，再穿上固定環，再穿過已接上雙孔連接片的連接環。銅線最後再穿回固定環及第一顆串珠並綁緊。壓緊固定環後剪斷銅線。將另一端的銅線也穿至另一端的第一顆串珠後，剪掉多餘的銅線。

完成了。

鬆 緊 繩 打 結 後 處 理 方 式

1 當所有串珠穿完後把線繩收緊，打二次結固定。

2 把多餘線繩剪掉，並將打結處收在串珠裡。

花 樣 的 製 作

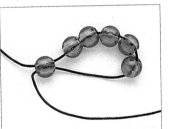

1 在線的一端預留10公分，另一端穿上六顆串珠（第六顆串珠為花樣的蕊心部分）後，穿回第一顆串珠並拉緊。

2 再穿上二顆串珠之後，穿回第五顆串珠並拉緊。

ペンチでの
ケガには
気をつけてね！

3 完成了。

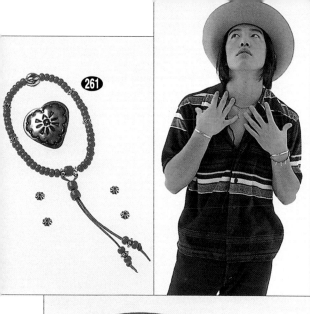

261

262

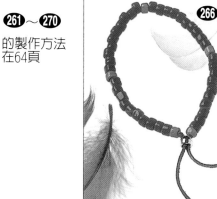

266

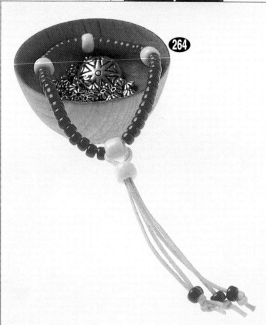

264

265

261 ～ 270
的製作方法
在64頁

267

268

269

271

272

273

271 ～ 283 的製作方法在64頁

274

275

276

277

Beads Bracelets

278

279

280

281

282

283

262 手環長20cm

♥材料

直徑2m/m的串珠約70個 直徑3m/m的串珠14個 固定環2個 羽狀飾品（1.2cm）5個 連接環（3×4m/m）2個 變化形項鍊頭1組 尼龍組線銅線（0.3m/m）30cm

262 變化形項鍊頭

連接環　固定環

13個　　14個

5個　　　5個

3m/m串珠

5個　　　5個

5個　　　5個

2m/m串珠

5個　　　5個

5個　　4個

羽狀飾品

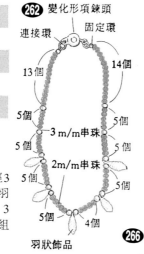

263 手環長20cm

♥材料

直徑5m/m的串珠（紅色）33個 （藍色）14個 直徑7m/m的飾品4個 直徑8m/m的飾品1個 7×13m/m的飾品3個 黑色圓棉繩（粗1m/m）40cm

7×13m/m飾品

263

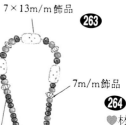

7m/m飾品

5m/m串珠

8m/m飾品

6cm　　6cm

264 手環長18cm

♥材料

直徑5m/m的串珠53個 直徑8m/m的串珠5個 黑色圓棉繩（粗1m/m）60cm

264

8m/m串珠

5m/m串珠

5.5cm

261 10m/m飾品

7個　　7個

7個　　7個

7m/m飾品

12個　　12個

5m/m串珠

2.5cm

6m/m串珠

2cm

261 手環長19cm

♥材料

直徑5m/m的串珠54個 直徑6m/m的串珠3個 直徑7m/m的飾品8個 直徑10m/m的飾品1個 黑色圓棉繩（粗2m/m）45cm

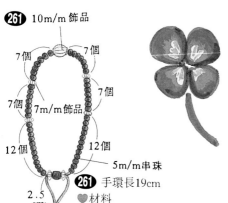

266 5m/m串珠

10個　　10個

10個　　10個

6m/m串珠

266 手環長18cm

♥材料

直徑5m/m的串珠（紅色）40個、（藍色）7個、（黃色）2個 直徑6m/m的串珠1個 扁軟皮繩（寬3m/m）35cm

265 手環長20cm

♥材料

直徑4m/m的串珠（紅色）36個、（白色）6個 直徑6m/m的串珠1個 直徑7m/m的飾品4個 固定環2個 連接環（3×4m/m）2個 變化形項鍊頭1組 尼龍組線銅線（0.3m/m）30cm

變化形項鍊頭

固定環　　連接環

4m/m串珠

9個　　　9個

9個　　　9個

7m/m飾品

6m/m串珠

265

270 手環長19cm

♥材料

小圓串珠（1.5m/m 黃色・紅色・藍色・黑色・橙色・黃綠色）各24個、（白色・青綠色）各16個 圓形繩頭夾（藏頭式繩頭夾）2個 小圓串珠（1.5m/m）2個 變化形項鍊頭1組 釣魚線30cm

項鍊頭

圓形繩頭夾

270

小圓串珠

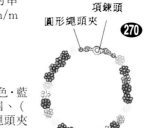

268

6m/m串珠　10m/m串珠

268 手環長18cm

♥材料

直徑6m/m的串珠10個 直徑10m/m的串珠10個 鬆緊繩30cm

269

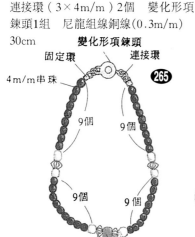

269 手環長18cm

♥材料

直徑20m/m的串珠（黃色）4個、（藍色・綠色）各3個 鬆緊繩30cm

20m/m串珠

項鍊頭

連接環

皮繩用繩頭夾

連接片

3cm

3cm

1cm

267

267 手環長18cm

♥材料

直徑6m/m的串珠2個 直徑18m/m的串珠3個 皮繩用繩頭夾2個 連接環（3×4m/m）2個 項鍊頭1個 雙孔連接片1個 圓皮繩（粗2m/m）25cm

1cm

18m/m串珠

6m/m串珠

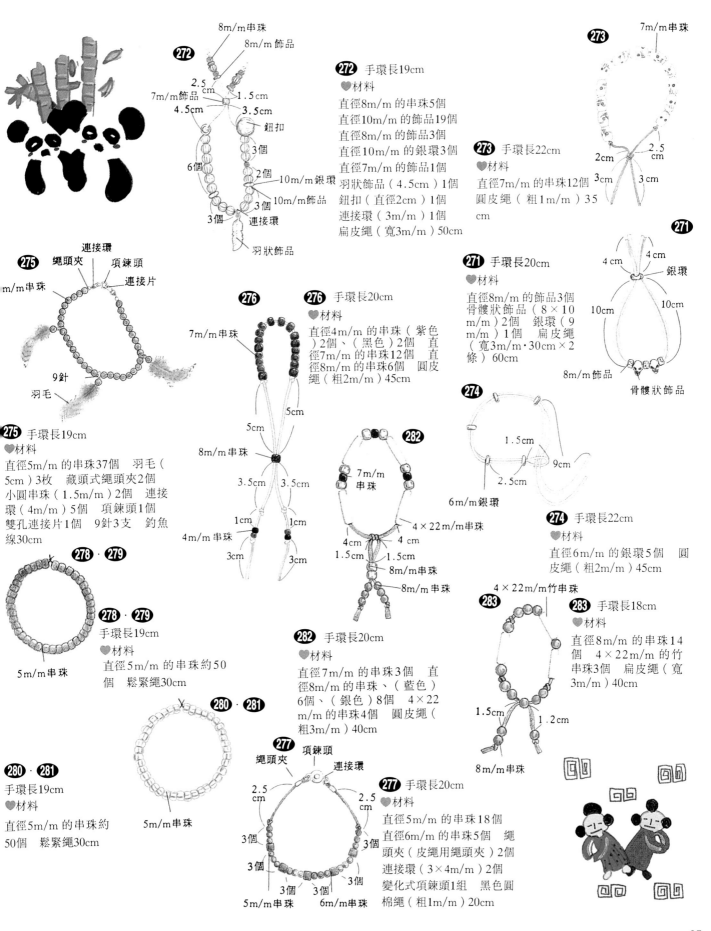

272
8m/m串珠
8m/m飾品
2.5cm
7m/m飾品
4.5cm
1.5cm
3.5cm
鈕扣
3個
6個
2個
10m/m銀環
10m/m飾品
3個
3個
連接環
羽狀飾品

272 手環長19cm
♥材料
直徑8m/m 的串珠5個
直徑10m/m 的飾品19個
直徑8m/m 的飾品3個
直徑10m/m 的銀環3個
直徑7m/m 的飾品1個
羽狀飾品（4.5cm）1個
鈕扣（直徑2cm）1個
連接環（3m/m）1個
扁皮繩（寬3m/m）50cm

273 7m/m串珠
273 手環長22cm
♥材料
直徑7m/m 的串珠12個
圓皮繩（粗1m/m）35cm
2cm
2.5cm
3cm
3cm

275
連接環
繩頭夾
項鍊頭
連接片
m/m串珠
9針
羽毛

275 手環長19cm
♥材料
直徑5m/m 的串珠37個　羽毛（5cm）3枚　藏頭式繩頭夾2個　小圓串珠（1.5m/m）2個　連接環（4m/m）5個　項鍊頭1個　雙孔連接片1個　9針3支　釣魚線30cm

276
7m/m串珠
8m/m串珠
4m/m串珠
5cm
5cm
3.5cm
3.5cm
1cm
1cm
3cm
3cm

276 手環長20cm
♥材料
直徑4m/m 的串珠（紫色）2個、（黑色）2個　直徑7m/m 的串珠12個　直徑8m/m 的串珠6個　圓皮繩（粗2m/m）45cm

271
4cm
4cm
銀環
10cm
10cm
8m/m飾品
骨髓狀飾品

271 手環長20cm
♥材料
直徑8m/m 的飾品3個　骨髓狀飾品（8×10m/m）2個　銀環（9m/m）1個　扁皮繩（寬3m/m·30cm×2條）60cm

274
1.5cm
9cm
2.5cm
6m/m銀環

274 手環長22cm
♥材料
直徑6m/m 的銀環5個　圓皮繩（粗2m/m）45cm

282
7m/m串珠
4×22m/m串珠
4cm
4cm
1.5cm
1.5cm
8m/m串珠
8m/m串珠

278 · 279
5m/m串珠

278 · 279
手環長19cm
♥材料
直徑5m/m 的串珠約50個　鬆緊繩30cm

282 手環長20cm
♥材料
直徑7m/m 的串珠3個　直徑8m/m 的串珠、（藍色）6個、（銀色）8個　4×22m/m 的串珠4個　圓皮繩（粗3m/m）40cm

283 4×22m/m竹串珠
1.5cm
1.2cm
8m/m串珠

283 手環長18cm
♥材料
直徑8m/m 的串珠14個　4×22m/m 的竹串珠3個　扁皮繩（寬3m/m）40cm

280 · 281
5m/m串珠

280 · 281
手環長19cm
♥材料
直徑5m/m 的串珠約50個　鬆緊繩30cm

277
繩頭夾
項鍊頭
連接環
2.5cm
2.5cm
3個
3個
3個
3個
3個
5m/m串珠
6m/m串珠

277 手環長20cm
♥材料
直徑5m/m 的串珠18個　直徑6m/m 的串珠5個　繩頭夾（皮繩用繩頭夾）2個　連接環（3×4m/m）2個　變化式項鍊頭1組　黑色圓棉繩（粗1m/m）20cm

65

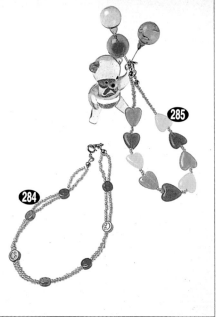

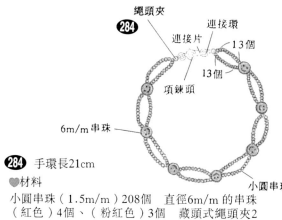

繩頭夾
連接環
連接片
284
13個
13個
項鍊頭
6m/m串珠
小圓串珠

284 手環長21cm

♥材料

小圓串珠（1.5m/m）208個　直徑6m/m的串珠
（紅色）4個、（粉紅色）3個　藏頭式繩頭夾2
個　小圓串珠（1.5m/m）2個　連接環（3m/m
）2個　項鍊頭1個　雙孔連接片1個　釣魚線（2
5cm×2條）50cm

285
連接環
繩頭夾　項鍊頭
15個
15個
連接片
心型飾品
3個
小圓串珠

4m/m串珠
286
3'5個

1.2cm　1cm
2cm　2cm
1cm　1cm

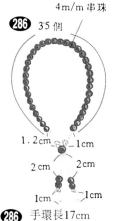

286 手環長17cm

♥材料

直徑40m/m的串珠40
個　綿繩30cm

285 手環長19cm

♥材料

小圓串珠（1.5m/m）
54個　心型飾品（10×
10m/m·紅色·橙色·粉
紅色）各3個　小圓串
珠（1.5m/m）2個
藏頭式繩頭夾2個　連
接環（3m/m）2個
項鍊頭1個　雙孔連接
片1個　釣魚線30cm

連接環
287
繩頭夾　項鍊頭
2個　2個
19個
小圓串珠
連接片
19個
7個
9個

287 手環長20cm

♥材料

小圓串珠（1.5m/m·黃綠色·綠色）各95個、（米黃
色）36個、（白色）32個　藏頭式繩頭夾2個　小圓
串珠（1.5m/m）2個　連接環（3m/m）2個　項鍊頭
1個　雙孔連接片1個　釣魚線（30cm×2條）60cm

熟習祈福幸運手環的基本編結法

♥在編結祈福幸運手環之前

先了解線的長度、繩端,和編結各方面的問題

祈福幸運手環的材料可採用繡線、毛線、皮繩、緞帶、和人造細絲線繩……等以及串珠,而在製作方法中,馬庫拉編結法經常會用到編繩、鉤針編織法和串珠編結法。

製作祈福幸運手環時,所需的繩線長度,會依據手腕粗細,材料種類,及編結手法的不同而有所差異。而且結繩和二側繩線的長度也同樣會改變。因此,在製作前,要先考各項因素和製作方法再剪出合適的長度。

要將祈福幸運手環扣在腕上,其結繩和二側所需繩線的長短依其處理方法的不同而有各式作法。除了三編、四編外,還有扭轉繩線,鎖鏈織法和蝦紋織法……等。

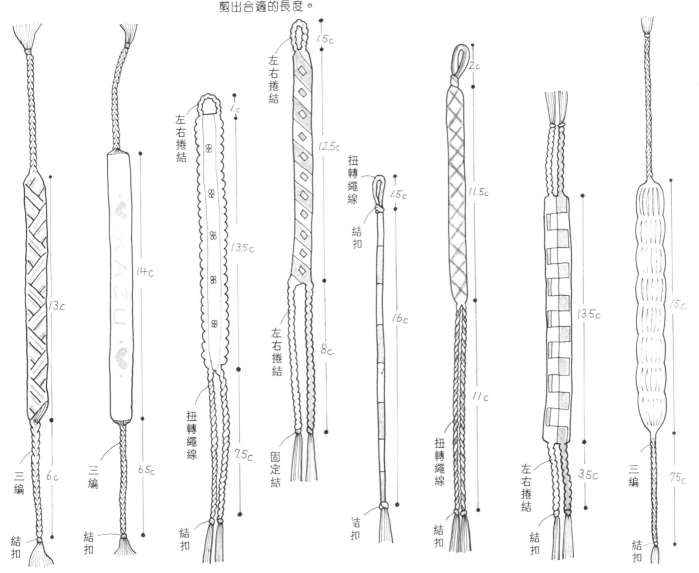

♥ 串珠的編結方法

① 準備一個深約5公分的箱子，再用刀子在箱底每隔2mm 就割一條淺線使成凹槽（自上而下）。⇒圖1

（1圖）

割一條條的淺線

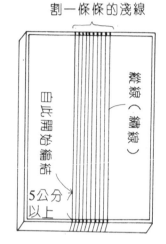

縱線（織線）

自此開始編結

若欲編長度多出10公分以上

5公分以上

② 將縱線一面置入割好的淺槽內，一面拉直繞箱固定

③ 在左邊縱線開始編結黑點上綁上橫線⇒圖2

（2圖）

·打結

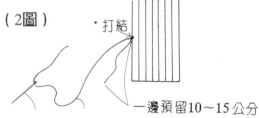

一邊預留10～15公分

串珠專用針　棋線（串珠專用線）

④ 先照圖案所示將一排串珠穿到針上，然後針頭向右，自縱線下方將串珠一個個固定於縱線間

（3圖）　（圖案）

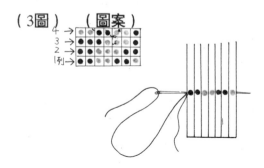

⑤ 用左手手指押住串珠，再將針自串珠中拔出，然後針頭擺到縱線上，再由右向左穿過串珠到另一端

（4圖）

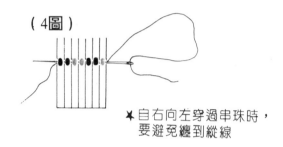

✱ 自右向左穿過串珠時，要避免纏到縱線

⑥ 將橫線拉緊，再將第一列中原預留的線尾部份和橫線打結，固定串珠

⑦ 第2列開始則參照圖案，將串珠排好後編入
當橫線不夠時再以「側結法」連接新、舊線

側結的編結方法

①　　②　　③　　④

線的處理

• 編織完成時，以縱線和橫線交錯打結。橫線的剩餘部份先穿到第2、3列的串珠中再將線尾剪斷

• 剛開始編織時：將餘下的線尾如編結完成時一般，先穿到串珠中再剪斷

繡線的處理方法

先將箱子內側的縱線分2等分剪斷，然後拿下原置入凹槽中的縱線，再做處理

串珠的編入法

將串珠編入繩結中時，先將所需的串珠數編
入線中，編結方法和一般的鎖鏈編法，細編
法的要領相同。

將串珠編入鎖鏈編織的方法

在要將線拉出來前，先將串 珠靠向根部之後
，再拉出來。

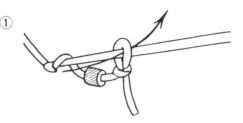

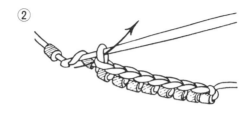

● 將串珠編入細編法的方法

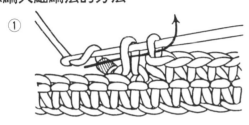

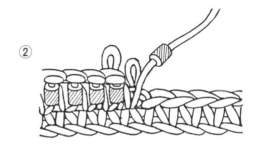

● 將串珠編入呈環狀的方法

鎖鏈編法

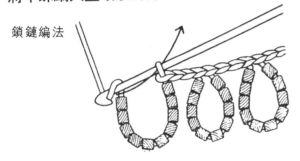

細編法

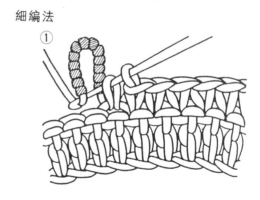

在13、18頁插圖中
57、58、88、92作
品的處理方法

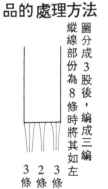

3　2　2　3
條　條　條

圖分成3股後，編成三編
縱線部份為8條時將其如左

在13頁插圖中，57、58作品
的捲線編法

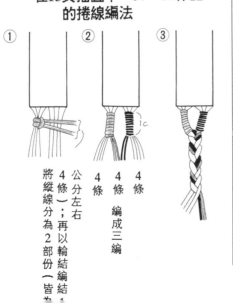

① ② ③

4
條

4
條
編成三編

4
公分左右
條一；再以輪結編結
將縱線分為2部份（皆為

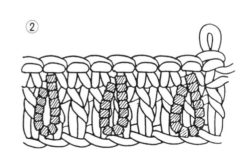

♥ 編法記號及其處理方法

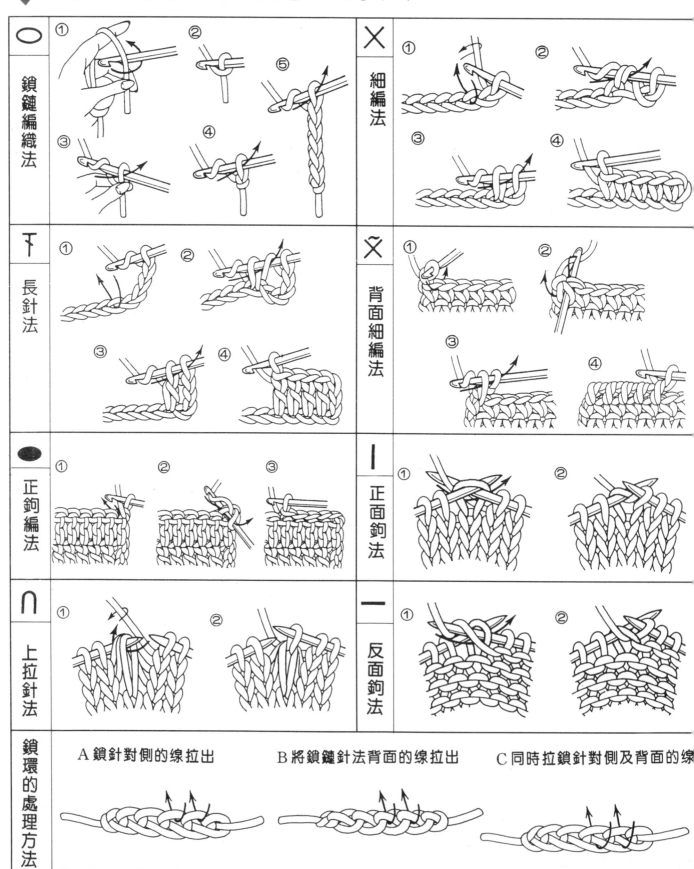

鎖鏈編織法 ① ② ⑤ ③ ④	× 細編法 ① ② ③ ④
T 長針法 ① ② ③ ④	⊗ 背面細編法 ① ② ③ ④
● 正鉤編法 ① ② ③	| 正面鉤法 ① ②
∩ 上拉針法 ① ②	— 反面鉤法 ① ②

鎖環的處理方法

A 鎖針對側的線拉出　　　　B 將鎖鏈針法背面的線拉出　　　　C 同時拉鎖針對側及背面的線

70

♥ 結繩製作方法

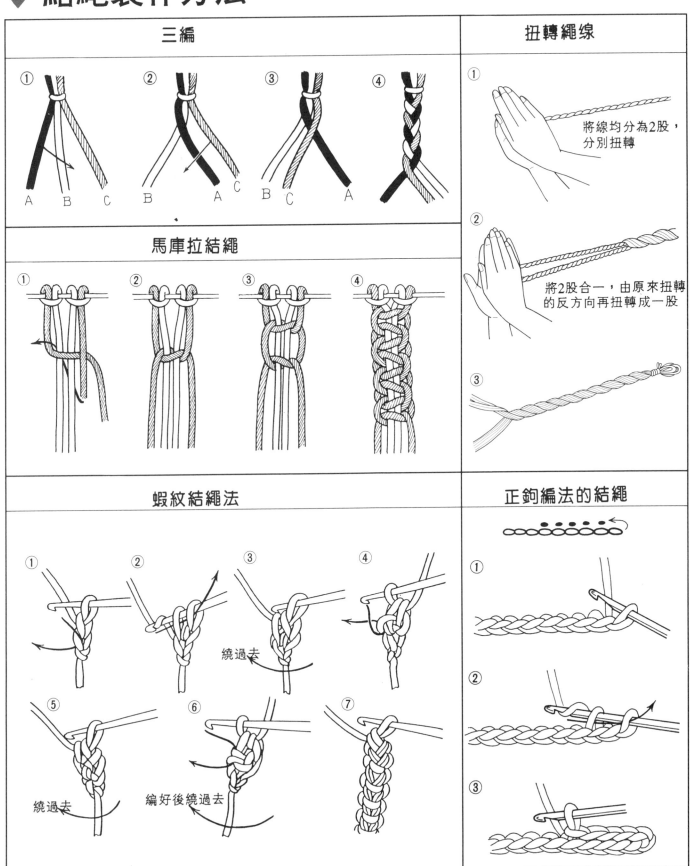

三編

① A B C
② B A C
③ B C A
④

扭轉繩線

① 將線均分為2股，分別扭轉
② 將2股合一，由原來扭轉的反方向再扭轉成一股
③

馬庫拉結繩

① ② ③ ④

蝦紋結繩法

① ② ③ 繞過去 ④
⑤ 繞過去 ⑥ 編好後繞過去 ⑦

正鉤編法的結繩

① ② ③

各式編結方法及名稱

記號的表示方法	-●- 縱捲結

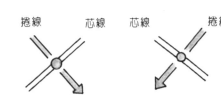

結扣用.來表示（.的顏色即表示所
用繡線的顏色。）其中不與.連接的
為捲線，穿過.的為芯線。

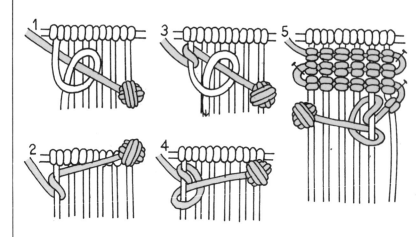

1・將縱線做為芯線，而橫線做為捲線
。

2・將縱線拉直而橫將之一面調鬆一面
往上推後再將之固定。

3・再重覆用橫線捲繞縱線。

4・和b步驟相同重覆一次。

5・連續編結時再將橫線反折（實際上
是為使結扣不致過大而不夠精美），反
方向編結。

裡捲結	-●- 橫捲結

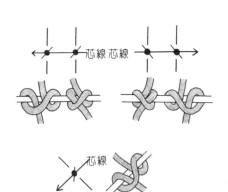

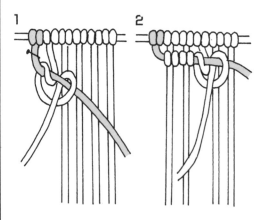 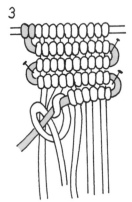

先將線排整結好，然後以左端的線做為芯線，
利用其餘縱線為捲線編結捲結，當芯線呈水平
狀時，再將結扣整好，編結時最好使每一列之
間沒有間隔，而芯線在繞曲時若以針固定之，
整個結形會更完美，在拉整時盡量使二邊的轉
彎處不會顯得過於突兀。

 斜捲結

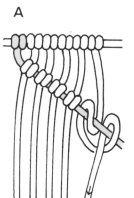 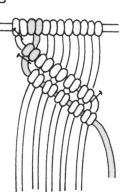 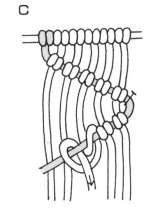

A 將芯線自左向右下依序打捲結的方法稱
為斜右捲結，反之則稱為斜左捲結。傾斜
角度可依芯線往下的角度自由攝取。
B 若編結2列以上的平行斜捲結時，在芯
線的每個轉角處釘上頭針，可使整個形狀
更趨完美。

C 若想編結斜右捲結斜左捲結各一列，交互
編結的話，則芯線呈雷電狀迴轉。

  輪結

如一連串鈕扣眼連成的結扣，先將芯
線拉直，再用另一條線如圖般轉繞、
固定。芯線可在左、可右，各有不同
的表現。

 平結 A

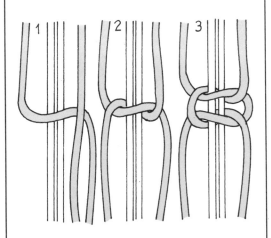

一般都是用4條為一組編結而成，但有時也可
用很多條編結之。
1‧將左線越過芯線（中間2條），往下折，而
右端的捲線則放在左線上方。
2‧將右方的線如圖示穿出。
3‧將右邊的捲線再度折往左後穿過左線拉緊
，此時左邊會出現直的渡線。

 平結 B

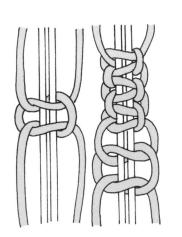

開始時由右方的捲線開始移動，結
扣中的縱渡線會出現於右方，若連
著編結即會成為如右上圖般的連續
平結。

左右捲結

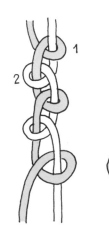

也可以為鎖結，運用輪結的編法。但
為左、右輪流，結扣之間若距離皆相
等，就不會造成滾捲不順。1＋2成為
1個結扣。

73

科芬特里編結法

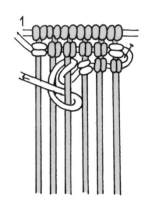 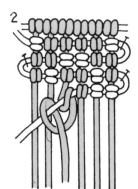 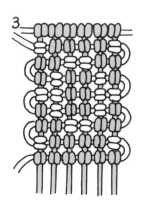

此種編結法看上去很像編織品，乃利用橫捲結和縱捲結的交互組合編造出花樣。編結縱捲結時，則出現的是橫線的顏色，反之，結橫捲結時，則出現縱線的顏色。圖例只是以二種顏色來編出花樣的，若要在中途改結其他顏色，也毫無問題，若是接下來還會用到的繡線，可先放置背面不動。當原繡線不夠或要接其他顏色的繡線時，就將原繡線暫時放置背面，用新接繡線編結，結束時在背面處理線尾部份。

梭結花邊

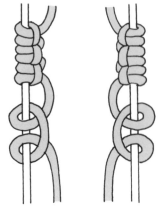

另用一條線自芯線上方開始纏繞，然後再自芯線下方繞過編結，完成後稍做修整，務必使所有結扣大小一致。

環狀花邊捲結

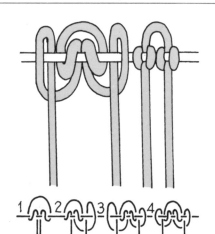

製作要領和捲結相同，只是加上環狀花邊。在編結步驟1時，先不要拉緊，使中間環狀部份略為鬆弛，接下來再用手指壓住2~4的部份編結之，捲結完成後此部份即為環狀的一端。

結扣

可用來修飾服裝，或防止線尾鬆散，可以只用1條或是數條繡線（成束狀），依圖示編結。

固定結

又稱為「單結扣」，可用來編造髮網，左右任一方的線纏繞芯線後打上結扣。另外，如下圖所示直接穿過圓圈的結法也可完成固定結。

編輯人	內藤朗	地址：台北市中正區100開封街一段19號	電話傳真：〇二～二三六一二三三四
發行人	黃成業	電話：二三一一三八一〇、二三一一三八二三	法律顧問：蕭雄淋律師
發行所	鴻儒堂出版社	郵政劃撥：〇一五五三〇〇～一號	E-mail:hjt903@ms25.hinet.net

行政院新聞局登記證局版台業字第壹貳玖貳號　　中華民國八十三年八月初版一刷

日本ブティック社授權　版權所有・翻印必究　中華民國九十一年七月增補改訂一版一刷

定價：250元